新悦

遇见智识与思想

FRANKENSTEIN AUJOURD'HUI

Égarements de la science moderne

当代弗兰肯斯坦

误入歧途的现代科学

［法］
莫奈特·瓦克安（Monette Vacquin）
——著

周欣宇
——译

中国社会科学出版社

图字：01-2017-1555号
图书在版编目（CIP）数据

当代弗兰肯斯坦：误入歧途的现代科学 /（法）莫奈特·瓦克安著；周欣宇译. —北京：中国社会科学出版社，2018.5
ISBN 978-7-5203-2197-6

Ⅰ. ①当… Ⅱ. ①莫… ②周… Ⅲ. ①生物工程－技术伦理学－研究 Ⅳ. ①Q81-05

中国版本图书馆CIP数据核字(2018)第047923号

Originally published in France as :
FRANKENSTEIN AUJOURD'HUI by Monette Vacquin

出 版 人 赵剑英
责任编辑 郭晓娟
责任校对 周晓东
责任印制 王 超

出 版 中国社会科学出版社
社 址 北京鼓楼西大街甲 158 号
邮 编 100720
网 址 http://www.csspw.cn
发 行 部 010-84083685
门 市 部 010-84029450
经 销 新华书店及其他书店

印刷装订 北京君升印刷有限公司
版 次 2018 年 5 月第 1 版
印 次 2018 年 5 月第 1 次印刷

开 本 880×1230 1/32
印 张 9
字 数 201 千字
定 价 59.00 元

纪念莫妮克·阿德尔斯基（Monique Adelski）

序 言

回响

1982年，在法国的第一个体外人工授精婴儿阿芒迪娜出生后不久，也就是"当试管婴儿将一切都变得不真切"，让莫奈特·瓦克安"疲倦于如此多的空想"的时候，她开始探索"一些关于无性繁殖生物的真实故事"。在《弗兰肯斯坦》中，最让这个精神分析学家感兴趣的莫过于作者的故事：玛丽·雪莱是如何在"有着古老悲剧色彩的、厄运代代相传的生活中"，写出这样一本"在现代生活中仍引起巨大反响"的书？而且在写《弗兰肯斯坦》之前的两年，这位年轻的女子曾在自己的日记里描述了自己接触到的无比粗俗的人，并写道："上帝创造一个全新的人远比净化这些怪物来得容易"……

不过，莫奈特·瓦克安早在开始写作本书的第一版之前就决定了要分享和深入她对人工繁殖意义的研究。她在《占据生物》（*Main basse sur les vivants*，1999）一书中提到过一个非正式的团队："我们是生物学家、哲学家、社会学家、精神分析学家或者法学家。不用多说也知道，这种不同领域之间的碰撞，加上我们这种非正式的组合给出的完美的自由空间，定是非常耀眼的。"我作为"仓库管理员"（这也是为什么我们为1990年出版的合集命名为《儿童仓库》）中的生物学家，造出了第一个孩子！实验室中枯燥而简陋的一连串生物密码让我发现了新的思考模式，同时还发现了一种足以改变世界的智慧。如果没有我曾经作为技术人员与团队的默契，或者我的“仓库管理员”同事做的胚胎培养，我想我都没有这个勇气去想到我现在做的试管婴儿，或是去说出这一过程中的局限，然后以历史和哲学的角度去证实它的可行性，直到人们最终赋予它一个政治含义。从这种无法从冰冷的试验台产生的觉醒，到热烈的想法，我尤其要将这种转变归功于精神分析学家莫奈特·瓦克安、法学家玛丽－昂热尔·埃尔米特（Marie-Angèle Hermitte）、伯纳德·阿德尔曼（Bernard Edelman）和社会学家路易斯·万德拉克（Louise Vandelac）。我还记得当时在社会党执政的政府中做司法助理工作的一位教研员，他对我们很失望，并且向我们要一个解释。他似乎想知道，到底是什么奇怪和隐秘的力量在支持我们这群人。因为我们的思想经常在科学界中被指责为“蒙昧主义”，受到强烈的批判，被认为影响“进步”。在这场对我们“侵犯科学”的控诉中，每一位“仓库管理员”都勇敢地站出来发声，这位社会党的教研员在那天见证了一场智慧的盛宴，只能哑口无言，但似乎依然没有被说服。不久后，女性主义杂志《支持选择》的创始人卡洛琳·弗里斯特（Caroline Fourest）严正指控我向教会妥协，忽视了自己是彻底的无神论主义者。我的同伴们则因为很多是犹太人的原因免遭责备，指控犹太人是不可能的事。当我们表现自己的人道主义，却没有符合既定的规则时，连思考都变得那么难，更别说被理解了。

作为对这些不理解的简短回应，几年前我就该效仿莫奈特·瓦克安写的玛丽·雪莱，“在她一部又一部的作品中呼喊　　她相比透明，更偏爱阴影；相比无懈可击的理论，更偏爱不完美的存在”。玛丽·雪莱在她的作品《弗兰肯斯坦：现代普罗米修斯》问世后的十年出版了《最后的人》。莫奈特·瓦克安也是在她的《弗兰肯斯坦：理性的疯狂》这本书出版的十年后，出版了《占据生物》。这两部作品能让人们更好地理解为什么玛丽·雪莱要写这两本书，并了解这两位女性。她们讲述的故事虽然不同，却拥有类似的敏锐的直觉。

在《占据生物》中，莫奈特·瓦克安有史以来第一次书写了科学与政治之间的联系，并且表明：“在要求唯一理智来意识到这个世界的同时，法国大革命标志了一种传播链中前所未有的决裂。科学堕入了这个巨大的裂缝中。”她再次提到了她早在十年前就在她的《弗兰肯斯坦》中所提到的人工受孕的制造者们，“那些在战时或战后不久出生的研究者，往往是激进的反法西斯主义者，试想他们怎么可能研究出一种最疯狂的优生学工具？这与他们最珍贵的理想相悖，岂不是一种对他们命运的重复的嘲笑？”她还在书中回答道，“与这项技术一起出现的最明显的外在表现……是关乎整个西方世界的事件……不仅仅是西方的科学家，还有参与的个体，这场‘危机’让他们完全不知所措”。这样的分析并没有赦免研究者的科学义务，正如公民科学基金会所写的：“每个人的责任与他的财富、权力和知识成正比。不花任何力气与他人交往，却以自己无能为名；不努力地去获得知识，却以无知为名，都无法免除自己的责任。”[1]然而，这并没有让我们这代人不去创新，人民就如同决策者，只要研究者能

[1] Manifeste pour une recherche scienti que responsable, 2015, sciencescitoyennes.org.

够把事情解释清楚，他们一定也能达成共识。《占据生物》带来了一种迷人的光芒，不仅仅解释了“最尖端科学中出现的最古老的迷惑”这种现象，同时也揭示了玛丽·雪莱写这部小说的原因，还有维克多·弗兰肯斯坦及其所造生物行为的意义：“可怕的事并不存在于知识中……而存在于由对知识的渴望产生的冲动所带来的惊人的力量中……科学家维克多·弗兰肯斯坦通过创造自己的生物来理解自己，揭开他自己身上的秘密。”

我必须承认，在阅读和重读莫奈特·瓦克安的作品时，我深深地感受到她在书写事实，并且比那些根据我这么多年的专业性所做出的数据、曲线和图表更加具有说服力。首先，我和她在一些概念上达成了共识，例如关于“理性的疯狂”，而这些概念被我的同事们所唾弃。还有“本质的研究”，它通常是控制欲的“遮羞布”，还有“生育计划”，不过是对代加工婴儿的过度辩白，为了实现一切可能性而拒绝限制，以治疗为借口来担保人类实验的继续，还有为了让人类继续存在，具有无可比拟的重要性的相异性……

但是，如果这些观察可以体现生物医学的方向，仅仅做出这些方向的解释是不够的，也因为如此，“仓库管理员们”，尤其是莫奈特·瓦克安的培育幸运地使这些简单的证明变得复杂并且符合医学的进步，正如解开了“暗中连接着命运和无意识的纽带。在这个角度下，弗兰肯斯坦不仅仅是一个梦，而是一个有先兆的梦”。然后，在一场世界级的人工助孕[1]医学会议上，作者看到走廊上豪华的展

[1] 人工助孕：体外受精，胚胎移植怀孕法。

台，便写下了这样的话：“突然间，注射器似乎太靠近脆弱的黏膜，工业似乎太靠近科学，而无意识则太靠近市场”……我非常理解她！

在《最后的人》中，玛丽·雪莱提到了12世纪初的一场大瘟疫之后唯一的幸存者，对此，莫奈特·瓦克安评价道：“这象征着玛丽的孤独，同时也是一部治愈她的小说，使她变得不那么难受。”她认为，玛丽应该是在自问：“罪恶到底是人性之外的东西还是人生来就有的？”她还说，事实上这是一种“看不见听不着的、深藏在内心的罪恶”。瘟疫是《最后的人》的主角，是在写《弗兰肯斯坦》后（1816）不久，对一场在19世纪上半叶横扫欧洲的霍乱的模糊记忆。彼时，玛丽的心理处于一种更加戏剧化的状态，更甚于她的灵感喷发。书写《弗兰肯斯坦》时：在经历了她身边发生的如此多的死亡、流产之后，她又因为丈夫疾病性的幻想症焦虑不已。有一次，雪莱在梦中要掐死她，瓦克安评价道，这恰似书中维克多·弗兰肯斯坦与伊莎贝尔度蜜月时，“那个怪物要杀死伊莎贝尔的那一幕”。然后就有了雪莱在暴风雨中悲剧性的死亡，随之而来的是可怕的孤独，于是她开始狂热地书写《最后的人》。瓦克安写道，“自索福克勒斯以来，鼠疫是所有诅咒的范式：那是对人类的欲望和暴政，还有无法超越的矛盾的诅咒。”而玛丽在《最后的人》里的游荡，“是人类性欲最基本的缺陷，这种无法避免的不协调由爱和创造的力量造成，但同时，也有重复和毁灭的因素在里面”。这种重复和毁灭已经在维克多·弗兰肯斯坦周围的人中实现（他的弟弟、朋友、密友，接着是他的妻子都被他创造的怪物所杀害），在《最后的人》里，则毁灭了整个人类。从《最后的人》中，瓦克安得出了玛丽在《弗兰肯斯坦》

中所暗示的内容，这“是对一个问题不懈的追问，是对一种可能未来的预兆……在现代的曙光中，她写给我们，她写的也是我们”。

甚至在开始提笔写《弗兰肯斯坦》之前，雪莱长久以来的脾气暴烈的女伴和拜伦就让玛丽听到他们充满激情的对话，来让她感到确信。瓦克安想象到了玛丽的担忧：“没有什么能阻止他们……理性将会变成一种合理化，这个对欲望高超的掩饰，连他们自己都没有发现。无论是父亲们，还是产生的威胁，或者国家体制都没有办法阻止他们，因为他们急不可待，而且有着强大的力量和对寻找证明强烈的渴望。”然而，玛丽并不是今天那些科学主义者给她冠名的那种“反科学的蒙昧主义者”，“在她眼中，知识没有任何应该受指摘的行为。但是她赶走了那种想要以知识为借口来操控的冲动和执念……她认为最可怕的事，是在无法控制的冲动驱使下，将别人作为一种工具”。而且，这个造物的丑陋“是隐喻的，它没有展现出其与控制的关系，那是产生它的地方”。在维克多向那个怪兽妥协、应他的要求给他制造一个女伴之后，他改变了主意，毁掉了这个才刚开始做不久的作品，玛丽写道，因为他害怕两个怪兽会诞下“丑陋的后代，对整个人类造成威胁”。莫奈特写道，因为“她知道那个怪兽是在履行欲望带来的强大力量，她在书写《弗兰肯斯坦》时就如同在写一封请求信……在将这个怪物描写成一个强迫的、被爱所困的杀人犯时，玛丽发出了抵抗象征崩塌的呐喊，这种崩塌是将他人工具化和取消相异性之后不可避免的结果”。

莫奈特所知道的，也就是玛丽所知道的。而她们的直觉又与科学哲学家皮埃尔·图意埃（Pierre Thuillier）的所见略同。他的渊博巨著《大爆炸，西方崩塌报告，1999—2002》(*La Grande Implosion, Rapport sur l'effondrement de l'Occident*, 1999-2002，Fayard，1995）于莫奈特·瓦克安的《弗兰肯斯坦》出版后的几年问世，他在书中预感到这个疯狂世界的终结，并且将这个时间点预言在他早逝的 1998 年后不久。他在书中设想了成立于 2077 年的“一个研究西方文化终结的小组”，这个小组里有历史学家、人文学者和诗人，在分析这个“大爆炸”的队伍里，科学家似乎是最不够格参与的，因为他们可能是始作俑者。而这场“大爆炸”由“2002 年前最终动荡前一连串的骚乱、袭击、爆破和绝望的场景”构成。在这部博学的专著中，皮埃尔·图意埃借助大量引言来表明，尽管因为我们伟大科学家普罗米修斯式的野心，这场灾难是可预见的，但每个时期发出的警告也没有办法制止灾难的发生。“早在《大爆炸》之前，所有他想说的都已经被说了”，但是那些紧紧抓住进步主义信仰的人，“已经不再知道什么是‘文化’，他们甚至没有意识到，即使丢掉了灵魂，一个社会几乎可以照常运作”。而且，“一项提议，如果要被定性为是理性的（这已经成为一种命令），必须被剥夺所有的魔力、所有情感的动荡和所有幻想的力量”，这些描述与莫奈特·瓦克安在同一时期所表达的观点惊人地相似。图意埃还引用了安德烈·马尔罗的话：“尽管欧洲清晰地展现出力量，但它的夜晚既贫乏又空洞，空洞得就像一个征服者的灵魂”。在这场对西方世界衰落的审判中，皮埃尔·图意埃当然没有忘记提起玛丽·雪莱和她的《弗兰肯斯坦：现代普罗米修斯》，她曾经试图警示西方人。他在书中写道：“当西方人自认为是造物主的时候，他们让一种新的人性出现，这种人性必定会使灵魂和心灵感到巨大的沮丧”，他还写道：“其实，他（维克多·弗兰肯斯坦）不过是制造出了一个低于人类的生物，这个生物在情感和精神上都是残缺的……通过这个生物工程师的失败经历，玛丽·雪莱揭示了所有社会工程项目的徒劳。她让我们思考，让我们在一切还来得及的时候去选择另一条路。”玛丽·雪莱在《最后的人》中的诅咒正是描写了弗兰肯斯坦的悲剧：“你们没有听到暴风雨来临时的咆哮声吗？你们没有看到云层散开，苍白、不可抗拒的毁灭正在袭击这片废土吗？…… 你们没有看见这些揭示着人类末日的征兆吗？……我们的敌人，就如同荷马笔下的灾难，悄无声息地践踏着我们的心灵。”皮埃尔·图意埃让人们注意到，玛丽·雪莱所要传达的思想得到了一些伟大人物的反馈，但并没有效果，其中有赫尔曼·梅尔维尔（他的作品《白鲸记》）还有大卫·赫伯特·劳伦斯，他谈论了“西方世界的机械性畸变”，并且将本杰明·富兰克林描述成为“最值得敬佩的小机器人……”。图意埃把他与维克多·弗兰肯斯坦创造的怪物比较，他解释道：“就好像是那个怪物，他是通过理性被创造出来的，但却有着无法挽回的不完整，并且与真实的生活割裂。”皮埃尔·图意埃总结道，这种想要制造一个人工世界的执念会产生“最高级的怪物，也就是一个‘普通的人’，他没有灵魂，他被控制，被这个消费社会的小小乐子所奴役”，当一个新出现的进步的怪兽以超人类主义[1]的名义发展壮大，图意埃的话无疑是振聋发聩的。

在提到纳粹为了不让怀孕的女人生产而夹紧她们的大腿时，莫

[1] 超人类主义是一场鼓吹运用科学技术来“改良”人类身体和思想能力的国际运动。

奈特·瓦克安质询道：“出生不就是产生区别的初体验吗？极权主义不就是禁止区别的产生吗？”在这里，我们怎么可能不联想到体外受精？这种受孕的方式在孩子出生前，刚受孕时就“揭秘”，这是通过胚胎植入前诊断来判断身份和作选择的有利时机。还有“社会克隆”的来临，这是两种事物结合的产物：父母通过胚胎植入前诊断带来的基因选择前集中的幻景，以及文化全球化带来统一化的压力。克隆，在莫奈特·瓦克安眼中，具有“重复性完成的特征”。克隆人类技术已经可以在避免至今仍颇有争议的多莉[1]实验的基础上随时出现，至少直到人类创造出一些我们认为是“杰出”的人类。因为，如同诺贝尔医学奖获得者，发明了人类试管受精的罗伯特·爱德华兹所言：“我还没有发现一个值得被克隆的人”……

在玛丽·雪莱的《弗兰肯斯坦》出版之际，科学的危害还未被认真地解析，然而在人工受孕所带来的影响之后，科学的危害开始被重视。因为和现实相比，玛丽的书更多的还是被认为是一部小说，而且，在人们的想象中，创造怪兽的欲望是缺失的。也就是说，没有人愿意把自己的一部分身体拿去构建一个幻想中的生物，然后把每个人的“自我”掩藏在一具具陌生的肉体之下。与人工助孕法并行的，当然还有医学上的辩护，更具体的是人工助孕法可以安抚由无法生育引起的内在的焦虑。那么维克多·弗兰肯斯坦与那些学习体外受孕术的“巫师”之间有什么关系呢？或许是在他们病态的世界中，相比控制自己的故事，他们更有一种想要控制一切的欲望。

---

[1] 一只母羊的名字，其为最早的克隆哺乳动物，诞生于1996年。

弗兰肯斯坦博士和他造物的作者，初看是玛丽·雪莱，然而如同莫奈特·瓦克安在她充满激情的描述中展示的，塑造这个作者的是历史时代给她带来的绝望、焦虑的环境、异常残酷的朋友与家庭的关系。回顾过去，莫奈特·瓦克安提到了1968年5月的政治运动。这场运动孕育了未来参与医学生殖技术的医生们，他们做出了强有力的选择来改变世界，“对完美社会的空想，重新统一的人性，最后是与自己的和解，由理智与爱驱使，摆脱压制……一股普罗米修斯的风吹遍了西方世界。”然后瓦克安总结道，“人工受孕很可能带来的后果——或者说是后果之一，哎……就是在这个世纪末让怪兽重新回来”，因为“无数的维克多有非常多想要与这个宇宙诉说的问题，他们已经开始探索了”。正如她所写的，“将生孩子的过程医疗化，运用更复杂的操作并没有解决任何人类紧迫的需求”。尽管，要分离科学家因为“对法律的挑战”而做出的研究和这个时代所揭示的事情是很困难的：也就是这样，英国体外受精胚胎移植怀孕法的先驱罗伯特·爱德华和帕特里克·斯特普托似乎避免了任何卷入反对这个系统运动的可能。因为没有一个人曾问过，人们发明了这些技术，或许是因为一种普遍悲观的状态下所产生的直觉，让研究者们摆脱了谨慎，或许是出于羞耻心，在放弃拒绝一切能使用的工具的同时接受他们对控制一切的冲动？

就是在体外受精胚胎移植怀孕法产生之前，1968年后不久，人们创造了精子库，开始选择雄性种子基因，“为生殖目的配对”，这标志着在纳粹主义之后，与优生学禁忌最初的，也是最根本的决裂。同样的，精子储存与研究中心（Cecos）的创始人乔治·大卫也没有从这场革命性的运动中借鉴任何东西……那么就是因为怪物在整个实验室里打盹，准备实现一些事情，这些事情很快就会被接受，被媒体定性为杰出成就，从用捐精者的精子来授精到克隆，中间历经体外受精胚胎移植怀孕法、精子和胚胎的捐献和保存还有对植入子宫前的胚胎进行的诊断。人们经常听到提及疯狂的科学家的时候，就会暗暗以弗兰肯斯坦作为参考，来说明对科学的大胃口（莫奈特·瓦克安称为“强烈的求知欲”）将给这个社会带来的后果的深深担忧。但是，这种图景遗忘了科技是如何从此发展的，在培养了一组组的研究者之后，他们因其中某一个人的行为感到害怕，以至于最后的犯罪都是指向整个团队。那么疯狂的科学家最后就变成了疯狂的科学，这场运动还会牵扯到那些给研究投资与指导的人。这个社会有一些它值得拥有的科学家，而且它还会给这些科学家们必要的许可证——至少是以一种隐秘的方式——来实现这个社会的幻想。在这些条件下，在生物伦理学的无能面前，我们怎么可能不担心从加利福尼亚来的以“超人类主义”为名的新的“进步”的礼炮，其本身就是极度可怕的。最近（2016年1月），旨在研究基因药物的法国巨型科技贸易联合企业基因极点（Génopole）在洛朗·古特曼的剧本《维克多·F》上演之际宣布将提供一个辩论的场地（命名为“基因咖啡馆”）。辩论的题目是：“怪物还是增加的人类？”，基因极点表示：“《维克多·F》成功地实现了不可想象的事：从无到有，创造出一个‘增加’的人类。”确实，维克多·弗兰肯斯坦所创造出的生物不仅仅是一个纯粹的怪物，当它在弗兰肯斯坦死在冰中的遗体边哀叹时，这一点就很明显地表现出来了，“因为它知道悔恨，它不是一个邪恶的怪物，它只是患有神经官能症，它既没有无视同情心和怜悯，也没有丢失罪恶感”，玛丽·雪莱对其的评价说明，对于“它身上的冲动”，它只是一个奴隶而非主人，“没有办法去违背这种冲动对它的控制”。但是对于基因极点来说，这个生物不是一个“低于人类的生物，或者一个在情感和精神上都是残缺的生物”（皮埃尔·图意埃），而是一个“增加”的人，也就是一个更加高级的人类的版本……对于这种“增加”，遗传学家们形成了什么构想呢？在玛丽·雪莱之后，莫奈特·瓦克安是这样描写这个生物的：“与其说这个怪物是一些身体的部分拼凑出来的造物，不如说其是由在意识之外的、一些禁欲的心理迹象组成的，因为这些东西是不被接受和无法理解的……它们是恐惧的迹象，对爱的渴求、谋杀的欲望、没有回应的呼喊、被否认的罪恶和令人生畏的不解所留下的遗迹”。更进一步地理解，“这个怪物没有名字，既没有父亲也没有母亲，还没有童年，这是一个维克多在严谨的实验中造出的产物，他自己都没有办法说清这个怪物的来源和它的身份。”看吧，这就是一个超人类主义者们实现的漂亮的计划！为了有一个良好的开始，法国超人类主义的赞颂者洛朗·亚历山大（《死亡的死亡》，2011）表示要同时取消不同性别之间的区别：“在真实的生活里做爱和在想象中与一个虚拟的伴侣做爱没有任何区别。”……这就是在提醒我们创造这种生物的条件，根据莫奈特·瓦克安所说的：“实验室就是维克多与科学做爱的床。他在这个过程中发现了一种让他感到害怕的欣喜：他把这种欣喜归结为对控制的激情。他创造出了这个怪物，而这个怪物属于他。他把这个怪物看作是恐怖、丑陋的东西。他经历了将变成自己凝视的东西的恐惧。”在超人类主义的前提下，绝对的恶和相异性的消失是可能出现的，正如莫奈特·瓦克安在近30年前所预言的一样，“这就像是灵魂的集中营，我们逃不出去，而且我们还意识不到自己所处的境地”。

回到《弗兰肯斯坦》。在玛丽的描写中，让维克多兴奋的是“一种执念，他想向全宇宙揭示造物掩藏最深的秘密……诸如如何才能知道地球和上帝的秘密，让身体不再受疾病纠缠，让人类变得百毒不侵……”。这已经不是一个普通研究者的志向了，这与现代的超人类主义者们的追求几乎一致，尤其当莫奈特·瓦克安写道，对于维克多，“他求知欲背后的真正动力，是希望当死亡很显然地将生命付之于腐化的时候，能够重新恢复生命”。说到纳粹的罪行时，她写道：“那时，牙齿、骨灰、脂肪、眼睛、鞋子……无序变得那样真实，展现出了它最为本质的含义：分割开身体，分离器官”。当死亡在精心部署时，这种无序就产生了，并且唤起了人们企图通过合成生物学来重组生命的欲望，这就是超人类研究在通过一些自然细胞所需要的基本元素来创造活体细胞的重要途径。这种机械的策略认为所有生物都可以归结为一台机器，如同人类设计出来的，所有我们所知的身上的部位和它们的运作，不过是因为不同机关足够地分配和摄入了碳水化合物。这种碳水化合物是“至关重要的能量”，它尤其不屑于面对这些学习创造生命的巫师们。在这场新的竞争中，美国生物学家及投机商克雷格·文特尔，号称“创造了生命”，因为他用在电脑上编写出来的DNA代替了一个细菌本身的DNA，并且让这个细菌存活。事实上，他也因此创造出了一个完整的转基因产品（不仅仅是一段基因，而是所有的基因组都是注射进去的），但是那样的一天，在“创造出生物之前”，必须先有生物存在。既然如此，在克雷格·文特尔的实验中，他只是把新的DNA加到了去除了DNA的细菌里，在这个替换操作进行之际，细菌本身是活的。类似地（但是更加“大规模”），弗兰肯斯坦在创造他的生物时，是将死人身上各种部位拼凑起来，但是前提是这个人之前是活着的：我们永远面对着生命，哪怕是在死亡面前。问题的关键在于知道生命是否仅仅可以通过化学物质或者是机械的零件来创造。超人类主义者认为这是可行的，因为他们中大多数是物理学家和计算机专家。生物学家则更加谨慎，尽管一个非宗教的构想迫使我们承认这件事在理论上是可行的，只是生物的复杂性抗拒这种制造，这个障碍，没有一个人能称为是不可救药的。

在这部作品中，莫奈特·瓦克安确实充满深情地想把我描述成一位“现代维克多”，不仅仅是因为我孕育出了一个“试管婴儿”（技术上，这显然没有超越弗兰肯斯坦的“发现”），更多的是因为这个在上游很少被思考的行为，让我“拥护有分量的真相，尽管它反对理性的胜利”，就如同她关于玛丽·雪莱的描写。确实，我能够看到，“为了科学，人类越来越无可避免地在变成一个物件”。我近30年的抗争从来都不是针对体外受精助孕法，这种方法只是可以让一对不孕的夫妇像其他人一样拥有孩子。我的抗争是反对将一切例外归位平常和一般的超医疗化，尤其是反对优生学这个怪物。通过对培育出来的胚胎进行多阶筛查（基因筛查），去掉一些可能会限制体外受精功能的试验（没有对卵巢的刺激，没有超声波和荷尔蒙的检测，也没有卵巢穿刺……），生物医学会用尽所有办法，让人们不受任何痛苦，来拥有“正常”的孩子，也就是遵循某种专断的、对“正常”的理解。优生学在今天又穿上了合理的外衣，由生物学量身定制来应对一种对“不同”的古老恐惧。而最让人心碎的和担忧的，是人类对其重新产生了诉求……既然我们只能在看似无情的事物面前哀叹，莫奈特·瓦克安总结道：“《弗兰肯斯坦》是世界提出的一个焦灼的问题，这个问题有关人类的起源、爱的法则、重复和死亡，而我们始终感到恐惧。”……

雅克·泰斯达

“孕育”出法国第一例试管婴儿的生物学家

目　录

前　言

我是在作为精神分析学家研究人工受孕时“遇见”玛丽·雪莱的。我的研究旨在分析一种希望在性关系之外制造出人类的欲望。或许人类在任何时候都想拥有这种能力，但是当代科学家最近才完成这个目标。

大自然如此不会造物吗？不孕难道不是一个无意识的借口，而其真正的动机是给科学提供炫耀自己掌控生命的能力吗？一方面来说，科学家有非常多高难度的尝试，但是很少有结果。另一方面来说，对基因进行操作的可能性完全可以让我们对未来的人类或人类的外形产生质疑。激情到处搅乱着思想：保守主义反对进步主义……这似乎不像是一个好的开始，且需要提出另外一些问题，但是是哪些问题呢？明显地，在我看来，声称不孕这件事给其他的力量伸出了援手，而这些力量非常隐秘。

生育一个性关系之外的孩子会引起一种精神分析学家非常熟悉的幻想：完全不从性中出生。在试图分析让科学或者是科学家致力研究的人工助孕法——体外受精胚胎移植怀孕法——的原动力时，我认为我们的文明，用一些具体的术语和现代的方式，提出了一个古老的问题：“我们是谁？我们来自哪里？我们要去哪里？”

体外受精胚胎移植怀孕法很快就厌倦了如此多的空想，并将一切都变得不真实——也是从如此多的理论工作中，我寻找一些故事，一些真实的、关于无性生殖的故事。也就是在那个时候，我想到了读一读《弗兰肯斯坦》。

这是一个现代神话，而它的起源和显露出来的样子与大多数神话相反，它并没有消逝在时代中，而是拥有更大的回响。神话的开始是在19世纪初，它并不是无关紧要并立刻显示出了它的后革命性。这个神话里还有一个具体的角色，年轻的玛丽·雪莱。通过研究她不同寻常的人生，她的作品、书信、日记以及同时代人对她的见证，我们可以探讨她所创的这个神话的起源并且试图给这个神话一个意义。

还有一些关于玛丽的事：她是当时两个著名的英国哲学家的女儿：女权主义先驱玛丽·沃斯通克拉夫特和激进思想家威廉·葛德文。她还是诗人珀西·比希·雪莱的妻子。作为思想家的女儿，玛丽非常勇敢地反对成见，并打算用她的理性来生活和爱。通过她的生活和她对知识的兴趣，她与当时所有影响时代的思潮有着密切的联系。而这些思潮在我的耳中产生了一种非常奇怪却又熟悉的声音。

作为自由的思想者，她的父母是自由恋爱的捍卫者。而雪莱则自称是性自由的理论家。他的一个好朋友拜伦大胆地公开自己的同性恋倾向和对自己同父异母的妹妹奥古斯塔的不伦之爱，作为向宇宙提出的问题。玛丽、雪莱和拜伦一起走遍了法国和意大利，痛苦地将他们的反抗彰示众人，在法国大革命的理想中寻找能让他们更好地理解自己和世界的工具。这些徒步旅行的杰出青年在他们的小宇宙里，用一种更宽广的方式，预想着我们这一代将会经历的事情。

弗兰肯斯坦……体外受精……我感到一阵阵的眩晕。这是这个神话让我敬佩的另一面。弗兰肯斯坦所创造的怪物并不是电影在人们的印象中所刻画的那样是一个盲目的杀手，远不是这样。如果说谋杀这件事不构成他的罪恶，那他真正的罪恶在于杀了所有对维克多来说很珍贵的人。这个怪物给他和他的家庭撒下了毁灭的种子，非常离奇地，这也将成为玛丽自己的命运。雪莱在他 30 岁的时候溺亡，玛丽的四个孩子，其中有三个都夭折了，同母异父的妹妹芬妮和雪莱的第一任妻子哈莱特都自杀了，她的母亲在她出生之际便死去了。她的一生渲染了一种古老悲剧的色彩，厄运代代相传。

但是玛丽是如何预测到她这一生的？是什么力量促使这个 18 岁的少女，在拜伦开玩笑地提议他和雪莱这两个老练的作家各写一个鬼怪故事之后，构思这样的一本小说？为什么"鬼怪"这个主题能够激发如此惊人的灵感？为什么《弗兰肯斯坦》无论在文学还是艺术领域都引起了后世如此多的注意？为什么我们给他的造物附上他的名字——维克多·弗兰肯斯坦，将两者混淆？为什么玛丽的小说本身被遗忘但却留下了如此多的教训？

这个年轻女子的一生可以被理解为是对一些原罪的神圣惩罚：她母亲的死亡与她的出生同时发生，雪莱因为对她的爱抛弃了自己怀孕的妻子和孩子。或许就是在她感受到一些毁灭最初的端倪之际，她开始借助《弗兰肯斯坦》来分析自己的命运。但正是那些有悖她理性精神的东西在反抗，就像我一样。在雪莱死后，玛丽写的一本名为《最后的人》的未来小说给了我重重的一击。这个故事发生在

21 世纪末，书中讲述了人类被一场瘟疫肆虐之后的末日。玛丽看到了什么？这些东西在现代人的耳朵中持续回响着。她发现了什么吗？还是我正在妄想？她是自己命运的先知，她是否也能预见我们的命运？为什么在研究这个无神论女子作品的过程中，我如此频繁地提及错误、罪孽、惩戒、犯罪等宗教主题？

我在研究工作的进程中，并不是没有感到恐惧。我的工作经常会因为害怕而停滞不前，但这种害怕与典型的恐怖小说的那一套没有任何关系，使我备感压抑的是贯穿了她整部作品的一种冷漠。然而，我还是希望投身到这种曲折之中，像玛丽一样，用理性来支撑自己，但这种理性是我在研究弗洛伊德作品时习得的：绝不放过任何人类心理现象的奥秘，我所做的只是深入地挖掘秘密。

如今，三十年过去了。体外受孕已经得到了认可，人类可以在实验室中被制造出来。哺乳动物的克隆也已经实现，将来还会有人工子宫。数千个冷冻胚胎在科学的冰柜里等待，无名的精子在世界范围内流动，人们在人名录上选择代孕母亲。遗传学家已经掌握了改变基因组的方法，没有人能够控制将来对物种进行的干预。一旦人类被制造出来，如同那些超人类主义者所声称的，我们可能很快会进入选择“更优的人”“更好的人”的阶段，会将人们带领到后人类时代。

我从 1986 年开始着手写这部作品，而现在正好是玛丽·雪莱开始撰写《弗兰肯斯坦》后的两百年，这正是我修订出版此书的原因。在庆祝这两百周年纪念之际，世界各地的科学家们开始关注这部作品，并试图通过这部作品来解释今日所发生的事。

我选择保留本书第一部分的原始版本，尽管如果今天让我执笔，我大概会写出不尽相同的内容，因为这样才可以让人们感受到我们是如何从最初的惊讶转变到对这一切都习以为常。

我在书中加了一部分内容，以“说给玛丽的话”的形式出现。这部分分享了尽可能多的关于现状和一些可能关于未来的信息。尽管玛丽·雪莱所模糊预见的未来非常复杂，无法一言以概括，但在与之保持一定的距离时，我记住了这些：在这些无可辩驳的知识的进步与医学技术所带来的益处之外还存在另外一面，在人类最古老的根基上，人们与科学对话，制造人类以更好地了解自己。正如奥利维尔·雷伊在后记中所写的，这些古老的根基，与一种复杂而活跃的知识联结在一起，能够爆发出巨大的力量。这种宏伟的征兆极有可能将我们从人性中驱逐，成为一种精神和象征追求的转移，并在这个过程中寻找托词。所有传承下来的话语失去了它的威信，让我们在表达的时候显得尤为软弱无力。绝对平均主义的社会，也就是建立在同一层面网络上的社会，或许在科学的托词里作为唯一的所知对象并没有什么奇怪之处，但它毁掉了所有的区别，无视所有对上一代人怀有的歉疚感和对下一代所应担负的责任，我们只能在理想中活着。

如果不从历史和无意识的层面来看，我的这些话都是无法理解的，而悲剧的是，我们只有太多的专家，却缺少能够解释的人！

也就是因为这样，玛丽·雪莱是无可替代的。在她的观点给我们提供的无价支持下，让我们来提一个唯一值得提的问题：“现在到底正在发生什么？”

玛丽所知道的

1816 年 6 月：春天在莱芒湖上腐坏，并将它年轻的占据者们集齐在迪奥达蒂花园别墅里。他们是五个人：拜伦勋爵，由他的私人医生——受气包——波里道利医生陪伴着；还有珀西·比希·雪莱与他年轻的伴侣玛丽，陪同他们的是玛丽父亲第二个妻子的女儿，克莱尔·克莱尔蒙特，也就是拜伦的情人。

▶▷ 玛丽与她的同伴

1816年6月：春天在莱芒湖上腐坏，并将它年轻的占据者们集齐在迪奥达蒂花园别墅里。他们是五个人：拜伦勋爵，由他的私人医生——受气包——波里道利医生陪伴着；还有珀西·比希·雪莱与他年轻的伴侣玛丽，陪同他们的是玛丽父亲第二个妻子的女儿，克莱尔·克莱尔蒙特，也就是拜伦的情人。

年轻的玛丽、雪莱、拜伦才从英国到这里不久，他们毫无忧虑地嬉闹，悠闲地坐船来到这里。但是雪莱非常高兴能够认识拜伦，彼时拜伦已经负有盛名，并在被羞辱后迫不及待地想与雪莱辩论。雪莱并不将他对这位极有修养和热情的年轻贵族的好奇心写在脸上，他忠实地坚守着自己最喜欢的职位：撒旦。

雨水连绵的日子迫使他们在屋里阅读和激烈地讨论。他们谈论着代代相传下来的关于幽灵的故事[1]，气氛在模糊的关系中变得沉重，又因拜伦的一举一动而躁动起来。克莱尔几个月前在英国因为失去了理智怀上了孩子，还被她可耻的情人抛弃。她脆弱的神经让拜伦感到愤怒，被波里道利挖苦，让玛丽感到害怕，而雪莱则表现出了对她的同情，他总是能很快地对绝望中的女性表现出他的兴趣。

这些空论主义的争论越来越激烈，加了注释的读本掩盖了当时一种隐秘的紧张气氛。雨一直下，拜伦提出要玩一个游戏，他说："我

---

[1] *Fantasmagoriana ou Recueil d'histoires d'apparitions de spectres, revenants, fantômes, etc.*, traduit de l'allemand par Jean Baptiste Benôit, Eyviès, Paris, 1812.

们每个人都来写一个鬼怪的故事吧！”

波里道利的故事只写了一个题目：《骷髅头的女人》。天空重新变得明朗，拜伦在与雪莱一起离开迪奥达蒂花园别墅，去湖边进行文学朝圣之前写了一个未完成的故事：《吸血鬼》。而玛丽，经历了几天“对一个作者来说最为不幸的灵感的空窗期”。[1]她是拜伦和雪莱对话的听众，啊，多么专注和充满崇拜的一个听众。他们讨论的主题是直流电疗法，这是著名的进化论学家达尔文的爷爷伊拉斯谟斯·达尔文医生最主要的治疗方法。这个医生的形象引发了玛丽的想象，这些可怕的想象把她吓到无法入眠，她只能把它们记录下来。《弗兰肯斯坦》的写作就这样开始了，玛丽还没有意识到自己正在书写一部神话，当时她才18岁出头。一个年轻的科学家，当他无法在接受的教育中理解自己遭受的苦难之际，靠拼凑从墓地和藏尸堆里拿来的不同的器官，制造出了一个怪物，并用电击的方法激活了这个怪物。然而故事的结局并不美好，这个怪物被科学家抛弃，它要求科学家满足它的愿望，最后成为杀掉科学家身边所有亲友的杀手。

这部作品在1818年一经出版便引起了非凡的效应：接连被改编成了戏剧、五十多部电影、小说、动画、漫画、广播剧和电视节目。电影集中地关注这个怪物，产生了一种文明状态的衰落，而这个被创造出来的怪物——尽管它从来没有在玛丽·雪莱的小说里被命名过，却盗用了科学家的名字。无数各种各样的、由《弗兰肯斯坦》这个主题所激发的新造物表明了一种普遍的回响和与无意识的

[1]《弗兰肯斯坦》1831年版前言。

对话。

在1831年版的前言中，玛丽追溯了她灵感来源的背景：“一切都要有一个开头……而这个开头又要与之前的某些事物联系……我们需要虚心地承认，发明不是凭空而造的，而是建立在混乱的基础上的。一切的前提，是要提供材料。”关注这些材料和混乱也不是毫无意义的，毕竟，能够研究写成一部神话的秘密并不是很常见的事。

坐落在莱芒湖安静而优雅的湖畔的迪奥达蒂花园，在1816年的那几天上演了一场戏剧，这场戏用了几年的时间才完成。这个剧院里凝聚着这几个年轻人的激情，如果他们能知道自己不凡的命运，也依然不会有所改变，他们所提出的问题和矛盾是整个人类所承认的。

几年之后，命运开始反复地捉弄这几个天才的年轻人。他们围坐在火边，在充满激情的争论和无法言说的欲望旋涡中感到愤怒。可没有一个人注意到这命运，自然，玛丽也没有发现。但是，在她的观点和《弗兰肯斯坦》的写作中，有一些东西表现出了这种意识——尽管她自己并没有意识到。《弗兰肯斯坦》要求一种耐心的解读，它会让专心的读者发现玛丽的灵光闪现——尽管她自己没有意识到，这种闪现不仅仅关于他们小团队里每一位个人的命运，更是一种昭示人类集体命运的力量。

弗兰西斯·拉卡森写道，“长久以来，这部小说都被认为是恐惧的殿堂，恐怕有一天，它将会被认为是一座爱的殿堂”。[1]或许相比

[1]《弗兰肯斯坦》的介绍。

起《弗兰肯斯坦》之前就形成的哥特小说的模式，比将鬼魂和地狱两者联系起来更让人恐惧的是把“恐惧”和“爱”联系在一起，《弗兰肯斯坦》对这种已形成的模式，无疑是一种不可逆的顿挫。

恐惧与爱……这个奥秘聚集了两个词，它们被篆刻在整个人类的命运之墙上，《弗兰肯斯坦》或许就是这神话的显现。那么这个奥秘是怎样悄然无声地影响玛丽·雪莱人生的呢？如果不是因为她在世之际所发生的事无法以清晰的方式诉说，我们就可以节省下笔墨，不在这上面耗费功夫。

读《弗兰肯斯坦》，并且试图理解它留下的谜题，靠近那个每个人所熟知的怪物的诞生之地，跟着玛丽一起经历她揭秘自己思想的漫长工作，首先要了解她不同寻常的命运。

玛丽，玛丽的女儿

“两个在文学世界中负有盛名的人物”[1]的女儿：玛丽是这样描述自己的，这种亲子关系早已奠定了她对文学的兴趣。其中的一个人物：威廉·葛德文，也就是她的父亲，只负责对玛丽的教育，另一个人物玛丽·沃斯通克拉夫特则只在小女孩的精神发展上起了一定的影响。事实上，玛丽出生于1797年8月30日，是“当时最伟大的两个人”的孩子。而在她出生后的第10天，她的母亲就因产后感染发热去世，享年38岁，留下了两个小女儿：芬妮和玛丽、一部作品，以及在与她相处时间甚短的丈夫心中，不可磨灭的印象。

[1]《弗兰肯斯坦》，引言。

玛丽·沃斯通克拉夫特于1759年在一个中产阶级家庭中出生，这个家庭因为父亲脾气的变化无常和酗酒而被摧毁。如果不是思想的激情与其蕴含的强大的转变现实的力量，还有什么能够将这个年轻的女子从家庭独裁者的手中解救出来？玛丽是一个反抗的见证者，她见证了专横的父亲在被动又无助的母亲身上所施的暴行。因为早早地就要承担起一些家庭责任，玛丽受到的是不完整的教育，只能尽可能地抓住学习的机会。但是，她是在启蒙运动时期出生的孩子，对于她所接受的如此鼓舞人心、却是碎片式的哲学教育来说，屈服是不被接受的。她对理性的力量和从偏见带有的非理性主义中解放出来的人性抱有极大的希望，这种信仰令她对困难和压抑不屑一顾。

她在少年时代就离开了自己的家庭，在让自己独立的同时成了一个有钱又刁钻的女人的侍女。这几年的经历让她对不平等有了更深刻的观察，也使她对不公平的反抗变得更加激烈。但是真正改变她生命轨迹的要数与一位编辑——约瑟夫·约翰逊的相遇。约瑟夫鼓励她学法语和德语，帮她翻译。这件事很快就传到了伦敦哲学家的圈子里，他们是一些讨论卢梭主义和法国大革命理想的人。在那里，人们不谈论政治、道德和宗教，因为这不是批判的对象。也没有关于那些不去抗争狭隘、争取全人类幸福的人的深层定义。

玛丽·沃斯通克拉夫特从此真正地被思想的力量带离了她命运的轨道。她开始从事文学写作，创作了一些给儿童的读物，在1785年出版了一部《女孩教育文集》。继而又出版了一部小说《玛丽》，接着是《捍卫人权》，然后在1792年出版了《女权辩护》。这部和她本人一样大胆的作品将她推向了女性主义、女性性解放先驱的位置。

这部作品也被公众认为是下流、淫秽的，但在玛丽和她的朋友眼中，这不过是理性解放向前迈出的一步。

1793年，玛丽去往巴黎，她带着写一本关于法国大革命作品的计划，希望能亲自观察大革命给民众留下的思想上的影响。然而在那片大陆上等待她的并不是政治的激情，而是爱情：她爱上了一位美国商人，吉尔伯特·伊姆利，他是捍卫独立战争的斗士。

这是何等的激情！这是何等想要分享的精神！到处都能感受到旧制度的裂缝。玛丽和伊姆利分别代表的新和旧的世界，难道不是即将来临的解放的征兆？男人和女人难道不将会在彼此认可的基础上达到一种真正的自主吗？两人都想保持自由，以使任何社会契约都无法损害他们自愿结合的纯洁性，他们的女儿芬妮就是在两人这样的结合中出生的。

然而，当伊姆利开始远离玛丽，越来越少出现在她身边，说了越来越多谎言之际，玛丽第一次有了用鸦片自杀的企图。怎样才能协调两人各自权利的冲突与因为爱情产生的、失去理智的要求？玛丽建议自己与伊姆利和他的情人一起生活，她陪伴着他们直到瑞典。生活会比思想具有更复杂的动力吗？玛丽回到伦敦后，从普特尼桥高处跳进泰晤士河，后被人救起，幸存下来。

玛丽与伦敦的自由主义者圈子相交了几年后遇到葛德文。这位已负盛名的哲学家当时并没有注意到这个在文学界崭露头角，且富有激情的年轻女子。但是玛丽所经历的一切已经改变了她。她对社会的愤怒在她身上酝酿成了一种使人不安的严肃。她没有放弃自己敏感的骄傲，在苦难中，她变得更加神秘和深沉。内心的挣扎在她的身上烙下了印记，那是对尊严和自由的渴望与在爱情中妥协的斗争。她丢掉了躁动的放肆，却得到了重要的恩赐：怀疑。

在遇到葛德文之后不久，她成了真正的女人——尽管那时还没有成为他的妻子。他们定居在萨默斯镇，为了满足两人各自对独立的要求，他们住在两幢毗邻的房子里。他们交换的无数条便笺见证了他们思想不断的交流和每日温情的改变。被征服的葛德文十分满意地写道，是“最纯洁和精致的爱情”将他们联结在一起。

但是，英国与法国的战争，作为一次英国社会已经习以为常的震荡，让人们对这对“可耻伴侣”的容忍变成了一种普遍的敌意。引起了人们的这种反应。玛丽怀孕了，为了避免孩子将面临的非法出生的尴尬，他们结婚了。葛德文虽然已经老了，但他依然坚持自己自由意志主义者的立场。然而，这位猛烈抨击婚姻的自由主义者并不会将他爱的女人和她等待着的孩子作为他实现理想的工具，保证对她们的保护对他来说是最重要的事。他承认：“我没有权利去损害这个人的幸福，但除去对这个原则的尊重，没有什么能让我向这种我认为应该废除的联结（婚姻）低头。”

《政治正义论》的作者与《女权辩护》的作者在圣潘克拉斯新教堂举行婚礼，这大概是世界上最符合惯例的一件事了。在同样的地点，五个月幸福的婚姻生活之后，他永远地告别了她。还是在同样的地点，17 年后，小玛丽优雅地在母亲的墓碑前宣誓她对雪莱永恒的爱情。

这个生完孩子不久后就去世的女人永远地留在了生命给予这位哲学家的馈赠中，无法驱逐，烙印在他的思想之中。这个妻子和母亲的典范以一种异常完美的形象出现在他之后的作品中。尽管他们之间的亲密关系非常短暂，但是这个完美的伴侣让葛德文对人性和与人相处产生了颠覆性的认识，这些认识渐渐地转变成了智慧、思想的提升和绝对的正直。也就是这样，这个充满理想的女性变成了一个饱含恩赐的偶像，让葛德文对女性的价值有了一种几近朝圣的态度。

玛丽·沃斯通克拉夫特的悲惨离世让葛德文与两个女儿，芬妮和玛丽的命运有了深深的联结。这段短暂的婚姻让他发现自己从未有过的对家庭生活的热爱。没有一个女人能比得上他失去的玛丽，但他依然给了自己的女儿和继女一个能被接受的继母——玛丽·简·克莱尔蒙特。她是他们的邻居，是一个寡妇，有两个孩子——查尔斯和简。他们在 1801 年结婚，一年之后诞下了他的最后一个孩子，威廉。

他的这个选择震惊了周围的朋友。玛丽·简·克莱尔蒙特是一个教育程度中等的女性，被人们认为是个平庸的人，而玛丽却是女性的表率。第二位葛德文夫人则负责债务、孩子的教育与保持社会地位。与这位有着丰富家庭生活经验的女性一起，葛德文开始了一段新的生活，突然变得如此庞大的家庭为他的生活增添了不少负担。而彼时他需要养活好几口人，同时要满足自己对这个世界的好奇，还有一部需要完成和捍卫的作品。

作为一个社会改革家，葛德文的作品在几年内非常快地获得了荣誉。作为一个有着 13 个孩子的加尔文派家庭的儿子，他接受了牧师的培训，然后计划建一所学校。他显露出的是天然而具有的权威且通俗易懂的笔触，他于 1793 年出版的《政治正义论》和 1794 年的

《凯莱布·威廉斯传奇》让他真正地开始负有盛名。在那个时期，他维系了一群致力文学、艺术和科学的朋友。其中有一些非常天才的朋友会去他在斯金纳街的家中拜访，让他从无可避免的家庭的压力和经济问题的困扰中解脱一阵子。

1805年，尽管还有几个忠实的朋友围绕身边，但这个个子矮小、戴着眼镜，眼神中透露出智慧光芒的男人短暂的成功已经过去，为了生计，他去了一家主要出版青少年读物的出版社工作，很快他就在那里开了一家书店。葛德文翻译一些法文的儿童文学作品，自己也写一些研究年轻人思想道德教育等方面的论著。虽然这些教学法的关注点非常符合他的哲学理念，但是这也和他对温饱的担忧紧密地联系在一起。他用鲍德温这个笔名出版了八部作品，葛德文在其中展现出了他对自己孩子的教育理念。通过寓言故事、神话或是骑士故事来唤醒孩子的好奇心，让他们积极地参与到学习中，接着通过历史让他们学到知识，锻炼批判性思维，树立道德观：这些就是葛德文同时作为一个父亲和教师的目标。他对人的童年非常感兴趣，或许是因为在他成熟的时候，生命让他有机会满足自己对人类奥秘不懈的追问。

玛丽·沃斯通克拉夫特的两个女儿就在这种反对无知和偏见的环境中成长。她们会上一些特殊的课程，良好的氛围让她们能够专注学习。但也有一些压力、矛盾，或因复杂家庭构成而产生的越发强烈的敌对情绪，却又因每个人都要求自己有思想上的提升且为自己卑劣的情绪感到羞耻而压抑这种情绪。图书馆和书架上吸引人的儿童读物是威廉·葛德文与其他作者写的。伦敦和戏剧之夜给人留下了极为深刻的印象，而孩子们也被鼓励去参加。长期以来，葛德文对负债的担忧，他的自负和好为人师的严苛让他的学生变得越来越少。他看着小玛丽的眼神经常是仿佛期待在她的身上也能够出现如她母亲般震撼人心的极致的优雅。气量窄小的葛德文夫人再也不能忍受挂在自己丈夫书房里玛丽·沃斯通克拉夫特的画像，还有她两个女儿的存在，因为这总能唤起对她本人的记忆，同时显示出自己的低劣。接受了精良教育的小威廉常常在一个专为他搭建的高高的讲台上给其他孩子开讲座，其中一次讲座的名字为“论政府对人民性格产生的影响”。

经常有一些杰出的客人来拜访这个家庭：戏剧作家霍尔科夫特、兰姆一家、黑兹利特和诗人柯尔律治。两个躲在客厅沙发后面的小女孩兴奋地偷听着柯尔律治背诵他的诗歌《古舟子之歌》，她们的思想在诗歌浪漫的形象中漫游。当时还未改名为克莱尔的简·克莱尔蒙特与芬妮都十分羡慕玛丽的美貌、魅力和早熟。而当时这个家庭中，已经没有了芬妮的亲生父母，她尽力地忘记自己带有耻辱、不雅的出身。

迷人的雪莱

那段时间里，一个拥有着罕见美貌的少年让伊顿公学的校长备感困扰。学校校长已经和几代贵族的儿子打过交道，但他的处罚似乎对这个准公爵的孙子没有任何效果，他表现出的是一种令人担忧的道德敏感性。愤怒和抗争把年轻的珀西·雪莱推到了他脆弱的身躯本可以避免的境地。在他孩童的卷发下，透露着充满智慧的眼神。他遇到了一群最为野蛮的同学。之后，他就在那些他所鄙夷的游戏间歇去排解他的忧伤，悄悄地读那些不会对他造成伤害的作品：狄德罗、伏尔泰、霍尔巴赫，还有葛德文。在远离校园的草坪上，他独自构思着隐秘的想法，因为没有一个同学配得上与他分享，或者一个人在柳树下哭泣。

假期，他会回到菲尔德庄园。那里，他的姐妹们用他父亲无休止的话来宽慰他。他的父亲是议会的成员，而这些讲话在他眼里是平庸无奇的。在树丛下，他们召唤魔鬼；他们装成幽灵，当女孩子们感到害怕、脸上写满了不知所措的慌张时，他们就很开心。在乡村的墓地间，气氛极其容易使人们害怕，他们讨论世界，讨论不公正的法律和有权有势者的暴政。他们尤其赞颂的是博爱的品质。

之后，在牛津大学，雪莱模糊泛化的思想渐渐地形成了体系。在学校里，雪莱沉迷学习。读书、写作，随心所欲地散步，这些活动都让他充满激情的思想适得其所，也满足了他消耗能量的永恒需求。他变成一个充满包容心的人，而他写作的才华则是实现这种境界的工具。他当然没有迟疑，写出了檄文《无神论的必然》，在这部作品中，他高傲地与所有英国主教、学校副主任和老师表达自己的想法。

在伦敦，一个 18 岁的人被赶出大学，高傲地否定被自己冒犯的父亲提出的修正案，然后被父亲切断了生活来源，他该怎么办？雪莱在大街上放逐自己的困窘和反抗。他的两个最小的妹妹在克拉珀姆芬宁夫人的女子学校寄宿。在她们的朋友中，有一位非常迷人的女孩哈丽特·威斯布鲁克，她 16 岁，有着百合花一般的面孔，她的父亲原来是一家咖啡店老板，一直希望给自己的女儿贵族小姐般的教育。

学校很快就禁止了这个有些驼背的高大男人来访，他每次都带来各种点心来给在这里寄宿的女孩子们，还与她们聊天。学校里的女孩子们，年龄最小的那些无条件地支持一个没有任何限制的自由世界，最大的则担忧取消婚姻这种形式是否真的合适。哈丽特掌握着自己的方向，不失优雅地学习伏尔泰的《哲学辞典》。

威斯布鲁克一家迅速地对这个智慧的，同时继承了一大笔遗产的年轻人产生了兴趣。雪莱再次回到菲尔德庄园，并且从那里拿到了 200 英镑的年金。在这段时间里，哈丽特日渐瘦弱。在他回去的时候，他发现她因为自己虚弱到不停地颤抖。哈丽特的父亲为这个年轻贵族不作声明却又无休止的访问感到厌烦，他威胁要将自己的女儿重新送回寄宿学校，因为当雪莱让她感受到了思想的伟大之后，她在那里过着极为痛苦的生活。她常常想自杀。如果没有上帝神圣的法令，有什么能阻止这种如此自然的念头？

雪莱重新考虑哈丽特：确实是因为他让哈丽特变得如此不能承受不公平，而厄运让她变得更加吸引人。葛德文，那伟大的葛德文不是也结了两次婚吗？两人随即私奔，雪莱在苏格兰与这个女学生结婚了，因为那里的法律是那么的简单。当时两个人的年龄加起来才 35 岁。

当雪莱和哈丽特开始过上他们共同的颠沛流离的生活时，葛德文家的两个小女孩正在飞快地成长。玛丽在她对知识的渴望中长大。她表现出了一种蛮横的性格，但又坚韧不拔且很有才能。她那时 14 岁，高傲、坚强，对她的父亲表现出无条件的爱。但是对于她的继母，她表现出的是尊重，玛丽的智慧不至于让自己惹恼继母，她的感觉也告诉自己不要产生不合时宜的敌对情绪。事实上，这件事她都没有放在心上。她的手臂感到疼痛，但却不知道原因，海风会让她感觉好一些。在回伦敦的路上，这种疼痛又侵蚀了她。她被送到巴克斯特家过了一段日子。他们家在苏格兰，靠近邓迪。葛德文带着对女儿深深的关切把她托付给这个朋友。在他写给威廉·巴克斯特的信中，时而表现出父亲温柔的关怀，时而又有一些坚决的建议。例如，玛丽会晕船，在她到达的时候，身体状况必然非常不好；海水浴对她的手臂有好处，这点不能妥协。剩下的，玛丽应该对寄宿家庭的生活方式感到满足，要“像一个哲学家”般被对待。不能宠坏了玛丽·沃斯通克拉夫特女儿饱受锻炼的灵魂。

在爱丁堡，哈丽特和雪莱在学习中度日。雪莱毫不停歇地阅读了启蒙时期哲学家的作品，翻译了布冯的书，书写了大量的信件。他在牛津时的难友和协助他私奔的同谋霍格在雪莱的要求下加入了他们，雪莱向他表达，虽然有一个女人做伴很甜蜜，但是这种长久的相处让他感到焦虑。哈丽特大声地朗读芬奈伦的作品，她的声音明亮，口齿清晰。当霍格认为她很动人的时候，雪莱已经觉得这很无聊了。

在菲尔德庄园，雪莱的父亲蒂莫西先生得知自己的儿子冲动地结了婚后，切断了他的生活费。他生气地写信给霍格的父亲：“上帝知道这种违抗的下场。”负债累累的雪莱，写了无数封信骚扰他的父亲。他在信中的腔调很快由彬彬有礼，变成了讽刺和严厉地控诉，最后变成了辱骂。“父亲，您还是一个基督徒吗？……”蒂莫西先生没有给他回信。他或许会同意和自己违法的孩子进行对话，但是这样门不当户不对的婚姻让他无话可说。雪莱在 10 月时又开始写信，与其说是生活所迫，不如说是咽不下这口气，这次，他是在约克郡写的信，他的言辞变得没有逻辑。当他被牛津大学开除的时候，他的父亲恨不得看到他在西班牙被处死。他第一时间见到了雪莱，在他耳边咬牙切齿地重复他的名字："比希，比希，比希……"[1]

自己的父亲虐待自己，希望看着自己在战场上死亡，这些不具丝毫真实性的想法在雪莱心中已经成了一种执念，尽管这些想法没有任何根据。在这对父子之间，还有父亲对于儿子在金钱上的权力间，似乎上演着一种别样的对抗，这让他们面对的问题不再是正式的服从，而是另一种规则。毕竟，雪莱顶撞他的家庭，抛弃他的财富和尊严，仅仅是为了一个他自己都不确定是否喜欢的女人。他自己的冲动是如此的强烈以至于他完全忘记了这些行为的意义。在他们的矛盾中，能够隐隐地听到那种童年时期的抱怨。

因为父亲的威胁，他回到了菲尔德庄园。但并不是以一个呼喊着自己权利的年长儿子的身份出现：更多的是以阶级敌人的身份出现，他反对极端和蒙昧的贵族，抵抗偏见和错误。他不断地要求他的父亲恢复他一年 200 英镑的年金，还控诉他的母亲和自己的音乐老师有私情。他似乎受到了一种无法压抑的暴力的控制，让整个家庭都笼罩在恐惧中。蒂莫西先生永远也不会忘记有一次，他儿子差点把家里的东西都砸了，还想要打他。

这段时间，哈丽特在约克郡接受着霍格的悉心照顾，尽管她应该拒绝霍格的主动亲近。对于雪莱来说，这两个人发生关系再正常不过，所以，他去伦敦和萨塞克斯郡或许就是为了促进自己妻子

[1] *Letters of Percy Bysshe Shelley*, édité par F. L. Jones, Oxford University Press, vol. I, n° 117, p. 149.

和好朋友的亲密关系。他把他的想法隐秘地写信表达给了希钦娜小姐——“他灵魂的姐妹”，一位小学教师，也是共和主义者。在与她的对话中，雪莱从他因为自然神论受的创伤中恢复，也就是这样，他们保持着密切的信件往来。但希钦娜小姐礼貌地拒绝了雪莱邀请她加入小团体的请求。

雪莱回去的时候发现哈丽特非常慌张，而霍格则已经准备好要向他的朋友老老实实地交代一切了。在一次男人之间严肃的散步中，他们进行了非常坦诚的对话，最后，三人组就此解散。哈丽特很生气，雪莱得到了湖边的住所，那是很多自由主义诗人住过的地方。他们在凯西克租了一个农舍，房东觉得他们很幼稚，于是同意他们在花园里玩耍！从那以后，雪莱给霍格写了更多的信。他一点儿都不忌妒，忌妒在他的心中不占有任何位置。他坚持相信葛德文对于自由爱情的理论是正确的。然而，哈丽特持有和他不同的观点，这就是问题所在。尤其是她不想失去这样的一个朋友！“回来吧，亲爱的，我最爱的朋友，回来与我一起经历命运，加入我的生活。像我爱你那样爱我啊。让我看到你离不开我，就像最近我希望成为的样子……”[1]

像很多人一样，这个年轻的男子不能接受没有男性朋友的生活，不过后来他很快就尽力摆脱了这种困扰。除去雪莱有些荒诞的想法，这个特点让他变成了一个普通年轻人的榜样……霍格迟迟未来，他对年纪更大的诗人骚塞非常感兴趣。骚塞微笑地看着这个和曾经的

[1] *Letters, op. cit.*, n° 134, p. 172.

自己很像的年轻人，将来他也很快会成为他现在的样子……尽管他弄错了。霍格让雪莱很失望，因为他接受了既有的秩序。柯勒律治和华兹华斯也不在，生活突然间变成了一片荒漠！之后雪莱才知道伟大的葛德文还在世，而且就住在伦敦，并且回了他的信。世上这么多的假预言家，他准备好了，终于可以去见一位真的。

就在年轻的女孩们在斯金纳街思辨、雪莱与哈丽特在未预见的博爱陷阱里越陷越深时，一个忧郁的年轻男子在希腊神殿的圆柱上刻下自己的名字，并且不顾自己的跛足，游泳穿越了达达尼尔海峡（从泰晤士河与塔霍河出发，到雷埃夫斯和大运河前）。智慧、沉默，善于讽刺的乔治·戈登·拜伦勋爵，第六代拜伦男爵亲眼观察了东方世界，几周后，他带着《恰尔德·哈罗尔德游记》最初的部分章节和他自视甚高产生的无可抵御的吸引力来到伦敦。

迪奥达蒂花园别墅懒散地坐落在一座小山丘的高处，这座小山丘被葡萄藤包围着。房子面朝湖泊，优雅地被圆柱支撑着。迪奥达蒂花园像石头一般，拥有着令人无法忍受和愚蠢的耐心，等待着它的客人们。

收到了这份匿名崇拜者的来信的葛德文感到很高兴。他认出了写作风格中的无人称语调，笑了，这是他在自己近 20 年前的作品中经常使用的手法。他回信的时候要求雪莱给他提供更多关于自己生平的细节。成功激起大师兴趣的雪莱兴奋不已，与葛德文讲述了自己的计划，他将要去爱尔兰参加支持天主教徒解放的运动。接着就有了一次特别的对话，葛德文劝诫自己年轻的弟子要多学习，保持精神上的节制，还劝他与父亲和解，仔细为自己的遗产和未来考虑。

这个年轻人从都柏林回信，表示天主教徒的解放是迈向完全解放的一步，而爱尔兰人，在从英国人那里解放之前，先要解放自己，变得公正和节制。

雪莱不乏勇气地写了一篇《与爱尔兰人的对话》，他与哈丽特将这篇文章发放给路人。葛德文在伦敦每天都担忧雪莱会被捕。最后雪莱回来的时候，他终于可以舒一口气：他原本很担心这些年轻人已经做好了血流成河的准备。

1812 年 10 月，两人终于见面了。哈丽特和雪莱激动地离开他们在圣詹姆斯街的小旅馆，来到斯金纳街，那里，大哲学家和他的家人们正在等着他们。两人一见面就发现彼此非常契合。得到了这位年轻崇拜者的来访，葛德文感到非常荣幸，很快就承担起了自己导师的职责。而雪莱充满激情的演说也深深地吸引着葛德文。两人都被对方吸引，雪莱开始不断地访问这一家人，他的出现总能让人愉悦。

在斯金纳街的生活很艰苦，压垮人的负担、不间断的债务和烦恼纠缠着葛德文。他没有足够的资金来完成自己的事业，他想出版自由主义的教科书和儿童理性教育的百科全书。他不断地被担忧折磨着。不过，因为可以重新开始自己年轻时的那些辩论，让自己热烈的心灵冷静下来，他还是感到很开心。他提醒雪莱不要轻易地发表一些不成熟的想法或者在政治上极端化；变革只有在学习和理性思考的过程中才能发生。因此雪莱在离开斯金纳街的时候背负了学习的任务。令书店店主惊讶不已的是，他立即定了埃斯库罗斯、欧里庇得斯、孔子、柏拉图、康德和斯宾诺莎的书，以及一些英国历史学家的作品、科学作品和法国百科全书。

那些年轻的女孩子们成了雪莱最热情的听众。在这些共和党孩子的身边，雪莱身上那来自贵族浪漫的魅力越发强烈。温柔的芬妮，那么的害羞和谦卑，会让人产生十足的信任。在她这样的女孩眼里，雪莱是最有吸引力的。于是她充满激情，坚定地捍卫着雪莱的理论。而玛丽当时在苏格兰。雪莱被带到她母亲的肖像前，他双眼凝视着伟大的玛丽·沃斯通克拉夫特，激动地颤抖着。

在接下来的两年里，斯金纳街成了雪莱在伦敦长期驻扎的地方。但许多其他对他感兴趣的家庭也为他敞开大门：素食主义的牛顿一家，甚至忘了他们的孩子在家里不穿衣服生活；德·比翁维尔夫人，她的女儿柯妮丽娅每天早上起来都会背一首彼特拉克的十四行诗。雪莱在这几个家庭中游走着生活。但是经常独身一人在伦敦的哈丽特刚刚生下一个女儿艾恩瑟，她渴望有一个固定的居所，还有车子和尊重，总之是作为一个年轻的遗产继承者的妻子有权要求的一切。因为她的丈夫忽视她，她常常抱怨。而在雪莱看来，她想要的高贵的打扮、上流社会的舞会和贵妇的服装，都是粗俗的想法，会让他生气。

那个时候，雪莱刚刚出版了他第一部重要的作品《麦布女王》。这首颇具颠覆性的诗歌由九个章节组成，包括一些诸如抨击宗教、君主暴政、商业与战争的毁灭性力量以及结婚这种败坏人类爱情的形式的哲学思辨。人类在无神论、自由的爱情与共和体制和素食主义平衡的结合中才能找到幸福。这首诗是写给哈丽特的，并不是语调沉重的说教主义，而是表现出一种形式的美，还有他对写作的狂热。雪莱写信给他的出版商："我不期待成功：只印 250 份吧。订成一本精致的小四开本，用高质量的纸张，这样可以吸引更多贵族。他们并不会读，但他们的孩子或许会。”[1]

他也经常在激进主义的圈子中进出，完全不顾葛德文对他这一举动的反对和让他远离政治极端主义的提醒。对那些因为极端政治言论被囚禁的陌生人，雪莱大方地与他们对话，并且主动提出要支付他们的罚金。哈丽特就这样看着他开始负债，并担忧起了自己的安全。随着时间的推移，她终于写了一封信给她的一位朋友：“永别了，自由和真相最珍贵的朋友”。不幸的雪莱被债务和反对意见纠缠，震惊于两人在婚姻中的越来越大的鸿沟，他在不同的家庭中游走，居无定所，变得既挑衅又多虑。

1814 年 3 月 30 日，玛丽终于从苏格兰回来，并热情地与她深爱的父亲共进晚餐。几天之后，雪莱再次拜访葛德文一家，尽管他们都习以为常。

当玛丽变成雪莱

那个时候的玛丽不到 17 岁，她展现出一种坚定的智慧，在她棕色和轻巧的头发里，有几缕跳跃的红棕色。他们很快就相互认识了，变成了思想上的兄妹。

那时，哈丽特和她的女儿在巴斯，而雪莱在伦敦经常与葛德文见面，并试图解决他在经济上的困难。他在斯金纳街非常勤勉，给简上意大利语课，在炎热的 6 月间陪着女孩儿们无休止地散步。在

[1] *Letters, op. cit.*

黄水仙花圃中，颤动的栗树下响起那迷人的声音，明亮的裙子在风中沙沙作响，天真的心灵在胸膛跳动。

玛丽养成了去圣潘克拉斯新教堂的习惯，会去母亲的墓地边看看。在那里，她和雪莱一起，庄严地诵读父亲的作品。因为这种孝顺是那样的无可指摘，他们两人的恋情让葛德文愤怒地快要发疯。就是在这个地方，玛丽以一种如此直率的方式，向这个年轻男人表达自己的爱意，而这个男人正因为发现自己导师的异常表现而困扰。几米之外的简兴奋得红了脸颊，她就在其他墓碑间等待着。

雪莱和玛丽对葛德文向他们恋情表达出的不赞同感到惊讶和困扰。他们试图用自由主义理论，这诞生已有二十余年的思想来说服他。可他们最终发现，这是一个因为自己女儿和一个已婚男子纠缠而愤怒的父亲。葛德文从此对雪莱关上了大门，但是还与他保持联系，这些联系是为了避免自己破产，与雪莱试图得到的借款有关。

雪莱表现出了他的心碎，因为他对玛丽的激情让他不可控制地狂躁。他大闹，威胁着说要自杀，他再也离不开他的鸦片药瓶。葛德文给雪莱写了一封十页纸的长信，与玛丽和简进行了严肃的交谈，与被叫到伦敦的哈丽特见了面。“哈丽特已经怀孕4个月了，她饱受痛苦。当她的丈夫冷静而善意地告诉她，自己将离开她，开始和另一个女人生活，而且他还是她最亲切的朋友后，生了一场大病。”[1]

雪莱爱的是真相。他从不掩饰什么，他不掩饰自己对玛丽的爱，也不掩饰他对哈丽特不过是一种兄妹般的关爱。他写道：“我很希望

[1] André Maurois, *Ariel ou la vie de Shelley*, Grasset, 1923

你能见一见玛丽。最不屑一顾的双眼也会被她吸引，只是因为她身上所遭受的痛苦和专制。但是，如果你觉得无法对我所产生激情的对象产生同情和爱意，并且分享这种激情，我也不会抱怨什么。”[1]他将这种残忍称为忠心。哈丽特读到这些信的时候，彻底地呆住了，雪莱对一个臣服于父亲专制、手无缚鸡之力的年轻女子的兴趣让她想起了一些事。

1814年7月28日凌晨4点，雪莱等在他重新订购的马车边。简和玛丽出现了，她们很焦虑，面色苍白，匆匆忙忙的。这次，他带走了两个女孩。难道她们两个都受到了专制？他们一路加急往杜夫尔赶路，害怕被追踪。一个水手同意让他们在晚上出发，那是一条非常小的船，几乎就是一个小艇。玛丽感觉不舒服，蜷缩在自己情人的怀里，可她还没有意识到这种不适的原因：她怀上了他们的第一个孩子。清晨，他们到达加来。不信神的他们兴奋地在沙滩上奔跑，把他们因重获自由产生的极度喜悦传递给革命中的法国和刚刚升起的太阳。

但是，这种自由并不是没有代价的：葛德文夫人跟踪了他们并且与他们见了面。雪莱不允许她责备玛丽，但是同意她与简彻夜交谈。天亮的时候，简已经快要跟着自己的母亲回去了。雪莱要求与她再见一面，很短暂的一面。最终，简还是留下来了。

这三个年轻人有一个模糊的计划，他们打算到琉森湖边，他们的朋友会加入他们，最后他们就会组成“哲人社团”，雪莱之前就

---

[1] *Letters, op. cit.*

和哈丽特计划过组建一个这样的团体。只是那时，他们被困在巴黎，现实生活让他们没有办法实现自己的梦想：他们很缺钱，雪莱必须要卖掉自己的手表、链子和一些私人物件，并商定新的借款，以便让他们在那里的居留合法化。

他们被一个不明确的目标推着走，但依然为他们的发现所着迷。他们重新开始了在因战争变得破败的法国的旅途。他们喝牛奶，睡在遭到蟑螂入侵的小旅馆里，醉心于爱与自由，“对一切即将来临的厄运毫无感觉”，这是雪莱在他和玛丽第一天在一起生活的时候写下的日记。

步行，在母骡的背上或是马车上，他们离清教徒式的英国与他们的回忆越来越远。法国人似乎不那么讨这些年轻英国人的喜欢，他们并不理解当时的情况，他们所穿越的国家，刚刚才经历了拿破仑的让位。被毁坏的村庄像是一个标记，标示着前几年哥萨克人的侵袭。作为勇敢的徒步者，他们三个都是抱着呼吸自由空气和享受理性的胜利的愿望而来，可展现在他们眼前的只有荒芜和贫苦的场景。他们发现这种场景时非常痛苦，雪莱的日记表现出了他们对厄运和饥荒的同情。但是，出于他浪漫主义的远见，他写下了这样的话：“我们自己的认知是为了我们这个世界。”

一天晚上，旅店的老板对简起了色心，这个独自一人的年轻女孩，拥有丰满的身材和咄咄逼人的性格，非常吸引人。出于一种兄弟姐妹间的情谊，玛丽和雪莱让她睡到了他们的床上。

雪莱从特鲁瓦给哈丽特写信。他一直没有忘记她，他催促她到瑞士加入他们的社团，并且向她保证自己永远是她忠实的朋友。他还以更为详细的方式给她讲述了自己生活中发生的事。看到这封信后，哈丽特或许都说不出话来，她没有回应雪莱这样天真的想法。在伦敦，她回到了自己的父亲家，照顾起正在长牙齿的小艾恩瑟，并且等待她第二个孩子的出生。她写信给一位朋友说道："每个年龄段都有不同的忧虑，上帝知道我也有我的担忧。"

简、玛丽和雪莱终于到达了阿尔卑斯，那里的风光之美，让他们叹为观止。我们可以想象今天，那些浪漫主义的旅行者，跟着他们荣耀的先人走过德国、瑞士或意大利所看到的景色……19 世纪初，并不只有自然风光是最美丽的。他们寄希望于当时还没有被预感到的人类的力量，而这种想法承载了使万物和谐的使命。大自然与他们谈论一种创造，他们自己也不知道自己是如何与这种创造联系起来的。

简、玛丽和雪莱怀着敬畏的心情静静地欣赏着这些悬崖峭壁，充满爱意，他们的灵魂在这里回响。他们就这样前行着，心荡神驰，忽视着他们的脆弱，因为他们的前路几乎是没有任何规划的。他们呼吸的都是生命的味道。他们以同样的热情用图像和感官将他们的想象填满，他们高声朗读，或是互相朗读拜伦、玛丽·沃斯通克拉夫特、塔西陀、巴鲁埃尔修士和莎士比亚的作品。

到达湖边后，他们决定定居在巴鲁嫩，靠近威廉·泰尔小教堂，威廉·泰尔是自由的捍卫者。这也是葛德文作品《弗利特伍德》里故事发生的地点。他们在那里找到一个房子，立刻就租了 6 个月。但是他们在那里穷得揭不开锅，突然之间就变成了三个可怜兮兮的孩子，被流放，孤独地生存着。

两天后，他们重新踏上了去英国的道路。他们坐着马拉的驳船通过莱茵河，这是一条不太昂贵的路线。河流非常湍急，而雪莱因为不会游泳，一直为航行的状况感到异常焦虑。那些粗俗的游客挤攘着，让他们特别无法忍受，因为这和他们所期望的人性相去甚远。玛丽在写《弗兰肯斯坦》前的两年在她的日记里写下了这个奇特的观察："上帝创造一个全新的人远比净化这些怪兽来得容易。"[1]

带着饥饿、疲惫和无法承认的失望，他们穿越了巴塞尔、斯特拉斯堡、曼海姆、美茵茨、波恩，最后到达荷兰。他们没日没夜地行走，时而异常兴奋时而感到失望。根据这次长途旅行的日记，玛丽写了一本《六周旅行的故事》[2]来描述了这段行程的地理风貌。

但是，哪条路才能通向解决他们留在伦敦的困惑，以及那些隐秘和压抑的、关于哈丽特和小艾恩瑟、菲尔德庄园、葛德文一家的问题？他们三个在这次短暂的出逃中各自写了一部动人的短篇小说：雪莱的《杀手》，玛丽的《憎恨》以及简的《傻子》。

他们在 1814 年 9 月 13 日回到伦敦，身无分文，居无定所，让他们的家庭感到耻辱。银行家和朋友都没有给雪莱任何帮助，他还是向哈丽特借了一些钱才支付了马车夫的费用，并租下了他长期居住的第一个带家具的房间。简和玛丽在车里等着她们的守护者回来，而他却被这个等了他很久的女人留了两个小时。

---

[1] *The Journals of Mary Shelley*, P. Feldman et Diana Scott-Kilver (ed.), Oxford University Press, Oxford, 1987 [28 août 1814].

[2] *History of a Six Week'Tour*, T. Hookham Jun et J. Ollier, Londres, 1817.

开始的几个月，他们在被迫的搬家中度过。雪莱面临因欠债而要坐牢的威胁，必须藏起来。这对可怜的情人！夏季的伦敦充斥着责备他们的声音，他们只能偷偷地约会，在小教堂或是小酒馆里一起度过几个小时，交换他们写的小短文，在小旅馆里度过充满爱意的夜晚。

“我写信给我的爱人”，在11月那几个艰难的星期里，雪莱和玛丽在日记里柔情地写道，“我只想祝福我的爱人晚安——工作——写信给雪莱——读一点希腊语的语法吧。”“我和雪莱会在圣约翰街上的一个小旅馆睡觉——相爱的人不能分开——雪莱还不能离开我。”

多么用功的情人。在他们如贱民般过着最艰苦的生活之际，日记里依然提到了他们每日的阅读、希腊语的学习、对话、翻译，还有对思想世界不懈的好奇心。1815年，在玛丽的笔记本后面，记录了她汇编的62册作品。

可他们面对的只有苦难。他们重新见到了之前被他们抛弃的人，这些愤怒的人们因为他们的消失而备感担忧。哈丽特怀着孩子，向雪莱要求合理的支持。葛德文拒绝见玛丽，但是他一直通过第三方协商与雪莱保持着金钱上的联系。

这两个男人之间的联系很微妙。早在雪莱认识玛丽之前，金钱就把他们联结在了一起。这标志着一个年轻男子对哲学家的尊重，还有一个贵族能够为思想所做的事。或许是这样的一个名义，让这种帮助对葛德文来说是可以接受的。雪莱需要在这种关系中找到一些隐秘又复杂的好处，这里面有控制和补偿，还有一种与他和自己父亲关系相反的关系。事实上，他是用自己真实父亲的钱来选择了一个令他敬仰的精神上的父亲，因为现实中的父亲是他实现自己强大意志的一个障碍。他借来的所有钱都指望用他即将到来的遗产偿还，蒂莫西先生的死亡悄悄地影响着这些交易。

在斯金纳街，葛德文一家经济上越发拮据，葛德文要求补偿。1815 年 1 月，比希先生，也就是雪莱的祖父过世，雪莱因此拥有了 1000 英镑的年金。葛德文重新提了要求，但是他拒绝一份雪莱书写和签字的文件：他们两个的名字不能写在一起。

“只要我还保持着清醒和敏感，就绝不会停止对你们行为的反对，这在我看来，是一生最大的不幸。”葛德文这样写给雪莱。这个年轻人严肃地回复道，“我们从今天开始限制我们之间的联系。我完全同意从我的年金里拿出一部分资助您。我很清楚您急需贷款，我将全力支持以使您达到目的。”

雪莱就这样限制了他和玛丽的约会，玛丽因此经常独自一人，在他们走运获得的房子里看书和工作。她又重新养成了几乎每天都去圣潘克拉斯的习惯。在她母亲的墓碑边，还有她坚持研读的作品中，她都提出了一些未提出过的问题。她那样年轻，才 17 岁，怀着孩子，没有任何女性或是成人的特征来支持她。“整天都很疼”，日记里写道，“整天都很难受。雪莱和简，他们在外面，满城地跑。”

葛德文一家施压要将简带回家，让她恢复理智。她的弟弟查尔斯·克莱尔蒙去见了那三个人，但是他们不让芬妮去。她有几次自己悄悄地去，或者是背负着斯金纳街居民的任务。他们有了初步的联系，尽管充满了苦涩和相互谴责。“芬妮来家里了……他们觉得我的文字冰冷又粗俗——上帝保佑他们——爸爸跟芬妮说，如果她来找我们，他就永远不和她说话了——多么好的例子来展现自由——他们说，她来家里让简回去看一眼快要过世的葛德文夫人——简已经没有衣服穿了。”

急躁的玛丽面对着她的家人，日记里那些涂改可以看出她写日记时的焦虑。“葛德文夫人不让芬妮下来吃饭，因为她刚收到一个我的发带，芬妮很快就会像一个奴隶般生活”，她还写道。这样温顺的芬妮，让玛丽有些看不起她。

不管以什么样的形式，威胁和敌意都不曾消减。玛丽经常在她的日记里承认她的疲惫，有时候，还有她的饥饿。另外，哈丽特派来了她的要债人：“恶毒的女人，”玛丽写道，“我们现在必须要搬家了。”

1814 年 12 月，雪莱与哈丽特的儿子小查尔斯出生了。“一个儿子和一个遗产继承者”，玛丽愤怒地写道，“雪莱寄了一堆通知信来宣告这个事件，这或许是值得敲钟大肆宣布的一件事……因为这是他妻子生的孩子……哈丽特的一封信告知了他这个消息，这是一封来自一个被抛弃的女人的来信。”奇怪的是，在日记里，玛丽对自己怀孕的事只字未提。

简也让玛丽非常担心。在他们到达的几周之后，发生了一件很奇怪的事，雪莱在他的日记里细致地记了下来，他既是目击者又是这件事的中心人物。

那晚玛丽很早就睡了，简和雪莱在无尽的漫谈中度过了这个夜晚。压抑……社团……巫术……深夜的静谧。简，因为这个年轻男人散发出威胁的气息，一种他自己也承认的、无法控制的气息而感到害怕，匆匆忙忙地跑回了自己的房间。过了不一会儿，她又下来，脸上写满了恐惧和死人一般的苍白，她显然受到了雪莱所带来的恐惧的折磨，这是与雪莱的对话带来的后果，他很高兴。她问他有没有动她的枕头。她让他去她的房间，她要让他看发生了什么！

雪莱跟她说了玛丽怀孕的事，这让她冷静了许多。她说一个原本放在她床上的枕头，突然出现在了远处的椅子上。枕头代表什么？那是所有小女孩都会放到肚子里假装自己怀孕的东西！她也听到了伟人的忠告。现在她就像一个来讨债的充满忌妒和好奇的小孩。他们一直说到天亮。黎明的时候，简又在雪莱的脸上看到了让她恐惧的表情。她剧烈地抽搐着，雪莱只能去找玛丽安抚她，哄她入眠。

“读《政治正义论》”，玛丽第二天在她的日记里写道，“我们要去散步。等我们回来之后，雪莱和简讨论，我读《玛丽亚：女人的受罪》[1]——晚上，我们聊天、读书。”

雪莱在日记里表现出了对简的性格缺陷更为强烈的兴趣，他认为她很迷信，而且并不懂得真正的哲学。他还提到自己要避免向庸俗的同情心俯首。

一天晚上，简开始梦游，而且穿着衬衣发出长达几个小时的呻吟。这声音把雪莱迷住了，但是他已经筋疲力尽了，于是他又把简交给了玛丽。第二天，玛丽第一次，冷冷地暗示了自己可能会离开。

接下来的一个月，简突然间改了自己的名字。这就好像人有了一层新的皮肤。她试了很多名字，都没有采用。最后她选择了克莱尔，这是她瑞士父亲的名字，也是她欧洲大陆浪漫的出身，与她弟弟的

[1] *The Wrongs of Woman or Maria*, Mary Wollstonecraft, 1798.

名字查尔斯·克莱尔蒙德的首字母相同，把她从和母亲共用的“简”中释放了出来。简消失了，克莱尔诞生了，并进入了战斗。我们很快就会知道她身上有何种热情。

但是，玛丽的肚子越来越大，她只能更经常地留在家里。雪莱，开始产生了作为父亲的焦虑，他的第一个家庭不就是在小艾恩瑟出生之后解散的吗？现在他要同时面对两个新生儿。“克莱尔和雪莱出去了一整天，他们遇到了很多人——我真的很难受——工作——读阿伽颂的作品。”“克莱尔和雪莱一起出去了——他们回来的时候身上都湿了，非常疲惫——晚上工作”，她在日记里抱怨道。

在这样的环境中，霍格又出现了。雪莱在牛津大学的朋友、哈丽特暧昧的对象，在这个时候回来再次扮演起这个家庭朋友的角色。他几乎每天都来。玛丽很不舒服，雪莱和克莱尔又出去了，霍格来之后让玛丽好了一些。她不再去圣潘克拉斯新教堂了。可以说，霍格的出现是一种对玛丽·沃斯通克拉夫特的替代，虽然是想象出来的，但是非常有必要。他们不停地聊天，有时候，霍格让玛丽很高兴，有时候却不是。

“做了一个关于霍格的奇怪的梦”，玛丽两次提到。“我感觉不太好——而且雪莱也很不好——读德蒙福特的作品……霍格晚上来了，说了很多事情——雪莱做了一个奇怪的梦。”雪莱开始做噩梦了。

1815年1月的一天，雪莱带玛丽到纽曼街欣赏提奥克雷阿的雕像，“这是一个培养所有美德和杰出思想的神”，她在日记中写道。第二天早上，她又和霍格去看了那座雕像。那天，那座雕像比平时都要美上数千倍。同一天下午，雪莱又带着克莱尔去欣赏了那座雕像。“我感觉很不舒服——霍格来家里了——雪莱和克莱尔10点回来了——讨论，像平常一样……然后我和雪莱说了一会儿话——最后我要去睡觉了。雪莱去了另一个房间一直坐到早上5点。我叫他——我们说了会儿话——他8点才去峭壁睡觉。[1]雪莱起床后出门。”

在身体很不舒服的时候，日记里经常会出现笔误。这对年轻的情侣在激情的力量前不知所措，将这些大理石做的、优雅的雕塑看成一种隐喻。

1815年1月到1816年4月之间，玛丽和霍格通了11封情书，这件事很多传记作者都没有注意到。但是在其中只有一封信里，玛丽提到了自己未出生的孩子。“当我的小宝宝出生后，亲爱的霍格，我们的日子将会有多少的快乐：您要教我意大利语；我们要一起读多少书啊；但是我们最大的幸福要在雪莱身上找……”

这个孩子在1815年2月22日出生。这是一个女孩，早产儿，生命垂危。她就好像是一种象征，象征着她父母的不稳定性。5天之后，他们又搬家了。霍格来帮助他们。雪莱身体不太好，痉挛了，帮不上任何忙，还需要别人协助他。他们的孩子在出生后的第11天夭亡。这正好是玛丽出生后与她母亲永别的日子。玛丽立即向霍格表达了她的绝望。“我亲爱的霍格，我的宝宝死了——只要您一有空就来看我吧——您是那么冷静的一个人，雪莱担心母乳会引起发烧——因为我已经不再是一个母亲了，玛丽。”

惊慌的玛丽同时还倾诉了她因为失去而感到的痛苦，还有身份

[1] 笔误，应为“睡觉”（sleep），误写成了“峭壁”（stoop）。

变化对她产生的、无法忍受的强烈打击。奇怪的是：失去了一个孩子并没有让她失去母性。这段经历是可怕的：日复一日，以一种颠倒的方式，她自己出生的创伤记忆在她身上不断地变得更加强烈。这加强了玛丽认为哈丽特比自己更胜一筹的感受。她在第二天的日记里写道："发现我的宝宝死了——去找霍格——与他讨论——悲伤的一天——晚上，我读《耶稣会士的衰落》[1]，霍格睡在这里"。

在接下来的几个星期里，玛丽好几次梦到了自己的小女儿。这个婴儿复活了，她不过是觉得很冷，人们把她放在靠近火的地方搓她的身子，她就活了。这次失去是否让她重新体验了一次自己刚出生时的那种深寒？"待在家想我死去的小宝宝——我知道这很愚蠢，可是，每次我一个人，放任自己的想法时，我没有办法通过阅读来分心，这些想法总是会回到我的脑中：我曾经是一个母亲，但现在不是了。"她似乎为人可以如此受折磨而感到震惊。或许她自己也没有意识到，失去自己的孩子，让她再次感受到了她母亲离世的痛苦。

5月，在无法忍受的压力之下，克莱尔终于要离开了。她被送到海边，在林茂斯。雪莱一个人陪她去坐车，玛丽因为没有看到他回来感到非常惊慌。前一天晚上，玛丽的日记里表现出了一种明显的愤怒，有非常多的涂改，并且记录了她疯狂的阅读，雪莱与克莱尔也变成了"雪莱和他的朋友"。

那本绿色的小本子到这里就写完了。"和我们的重生一起，我开始写一本新的日记"是玛丽最后写的句子。她长舒一口气，在熟悉

[1] Isaac Disraeli, *Despotism or the Fall of the Jesuits*, 1811.

的叹气声中，合上了笔记本，纸张发出沙沙的摩擦声。但是“重生”这个写在最后一个句子里的词发出了一种奇怪的回响……

接下来的生活平和了很多。1815年夏天，雪莱在主教门的温莎公园边租了一套房子，他们终于在那里过起了恢复精神的生活。雪莱经常长时间地在公园里的林荫道散步，在这些生长百年的树中，他似乎有了一个新的灵感。他创作了长诗《阿拉斯特》(或译为《孤独的灵魂》)。他原本尖锐的笔调变得模糊，这显然是一个在恢复期的病人写出来的作品。玛丽再次怀孕了。1816年1月24日，她的孩子小威廉出生了。虽然他们给孩子选择了与他外祖父威廉·葛德文一样的名字，但这并没有让他的态度变得更柔和。葛德文又开始向他们要钱，他的骚扰打破了他们享有的短暂的平和。因为《阿拉斯特》的失败，雪莱很沮丧，他想重新出发去旅行，这也是一种逃避的方式。他想到了意大利，而克莱尔提出了另一个目的地。

这个脸颊圆润的女孩经历过的生活比待在乡下刺激百倍，她自然不会满足于那里的生活。1816年1月，她回到伦敦。那个冬天，上流社会只关心一件事：拜伦的丑闻——乱伦、同性恋、天才。这个生性敏感的勋爵因与妻子分离被公开指责，已经做好了被放逐的准备。一个疯狂的诗人？克莱尔给他写信。这位浪子并不屑于回应她。她谎称自己是戏剧演员，写信给他是想得到他的推荐和建议。拜伦把这件事礼貌地告诉了剧院的主管。于是她又精心地给他写了一封信，里面提到了一辆马车和一座小旅馆，拜伦作为一个王子般的贵族，没有办法拒绝这些。他马上要从英国出发去瑞士，于是和这个缠人的女孩温存一番也变得可以接受。4月25日，他坐船出发，排场很大，上流社会的妇女们打扮成女管家的样子，到多佛尔目送他离开。

两周后，雪莱、玛丽和克莱尔循着拜伦的轨迹离开了英国，他们是悄悄离开的。在他们初次逃亡之后的两年，克莱尔再次踏上了旅途。但这次，她等着自己孩子的诞生，孩子的父亲是一个天才，不过他毕竟本身也是一个丈夫和父亲。确切地说，是当了两次父亲，因为拜伦在英国有两个小女儿：梅朵拉，是与他深爱着的同父异母的姐姐奥古斯塔所生的孩子，还有小阿达，是他与阿娜贝拉小姐结婚后合法生育的女儿。

雪莱一行三人比拜伦豪华的团队更早到达日内瓦。他们在塞舍隆的英国酒店相遇，拜伦在那里入住。他很快就租下了在小山丘上的迪奥达蒂花园别墅，而雪莱在下面租了莱芒湖河岸边最简朴的查普斯房。一条小径分开了魔鬼和精灵，还有他们一家人，克莱尔经常越过这条小路去找拜伦。

“与一个为了让我失去哲学气质而不顾危险跟随我 1200 千米的女人，我实在无法装出斯多葛主义[1]”，拜伦在夏天过后写信给奥古斯塔。几个月后，他又写信给他的朋友说：“我要跟你说说这个女孩，她的性格很古怪……她在我要离开英国前不久介绍自己让我认识——但是你不知道，我竟然在日内瓦遇到了她和她姐姐，还有雪莱……我从来没有喜欢过她，也没有假装喜欢过她……但我毕竟是个男人——如果一个 18 岁的少女一天到晚在您面前晃悠，展示她的

[1] Lord Byron, *Lettres et journaux intimes,* choix établi par Leslie Marchand, trad. par J.-P. Richard et Paul Bensimon, Albin Michel, 1987. 斯多葛主义，又称斯多葛学派，是古希腊的四大哲学学派之一，也是古希腊流行时间最长的哲学学派之一。

学作品，建立了无数的假设，疯狂地做了很多化学实验。至于拜伦，他一点都不兴奋，没有什么能够改变他脸上迷人的线条。同性恋、乱伦、犬儒主义，同样是他向这个世界提出的问题。但是，他又过于清醒，以至于他并不期待一个答案。他有些被雪莱那积极的希望和博爱主义惹恼，但是他却对雪莱的热情和受到的教育十分感兴趣，并小心翼翼地不将这种好奇表现出来。玛丽被他们的对话深深吸引，她一个字都没有错过。除了波里道利的谴责、克莱尔波动的情绪和对小威廉的照顾会让她时而分心。

雪莱和拜伦都没有立刻提出要写一个幽灵故事的计划。但是有一天晚上，那些“鬼故事”让雪莱进入了一种非常烦躁不安的状态，波里道利花了极大的力气都没有办法控制他的幻觉。这幻觉占领了他整个精神：玛丽的胸口长了一双眼睛！波里道利试着让他冷静下来，一边轻抚他一边听他说，他听到雪莱毫无逻辑地诉说着自己的恐惧以及那些真实和幻想的折磨：一个男人垂涎他妻子的美色，并且勾引她也爱上了他。他被那些所谓的挂在他身上的朋友压垮了，而且他还必须养活他们，支付欠的债。

拜伦和雪莱因为他们之间的对话变得更亲近，为了逃离每日在迪奥达蒂花园别墅里回荡着的矛盾，他们一起去湖边散步，去发现《新爱洛伊丝》里的风景。在梅耶里和圣然戈尔夫之间，他们的船被一场剧烈的风暴困住，有被礁石击破的危险。拜伦脱掉了衣服给雪莱，试图救他，因为他不会游泳。雪莱压紧牙关，抱紧双臂，大声说自己要放弃挣扎，还请求拜伦不要再折磨他。拜伦一句话也没有说，表示接受了这种奇怪的勇气。

玛丽则什么都没有错过。她既没有错过鬼故事的细节也没有错过两个男人之间的对话。从他们的对话里，她开始慢慢酝酿自己的故事。在1831年出版的《弗兰肯斯坦》序言中，玛丽精心地提起了这次聚会，之后的内容也并非是毫无用处的。“有一个关于不专一的情人的故事，在他以为紧抱住那个自己发誓过忠诚的女人时，实际上抱着的是那个被抛弃的女人苍白的鬼魂。还有一个传说，一个罪孽深重的家族缔造者，他的家族已注定灭亡，他悲惨的命运是在几个年幼的儿子长到充满希望的年纪时，给他们送去死亡之吻……”被抛弃的女人的幽灵，刚出生就死亡的孩子在她身上发出了令人担忧的回响。

一天早晨，过了好几天忧郁而平淡的日子之后，玛丽突然有了一种难以置信的清晰想法。“弗兰肯斯坦”的形象在她眼前清楚地浮现，并让她产生了一种强烈的幻觉。一整夜，她都没有入睡，她的整部作品强力地冲击着她，甚至书中许多添加的细节都展现了出来。她被迷住了，她只能在一种无意识的状态下，不停地写作。早晨，她告诉她的朋友们她“孕育”了一个故事。

“我[illegible]个面色苍白、专攻邪术的学生跪在一具已经组合好[illegible]体旁边。我看见一个极端丑陋可怕的、幽灵般的男人躺在地上。在某种强大的机械作用下，这个人不自然地、无精打采地动了一下，半死不活。这个场景一定会让人感到毛骨悚然，人类为模仿宇宙造物主的造物机制所付出的努力只会产生最可怕的结果。这一成功让他心惊胆战，万分恐惧之中，他着急慌忙地逃离，扔下了自己制造的可怕生物。他希望这个被抛弃的怪物能够因为被遗弃而消亡；希望这个如此不完美的怪物可以重新变为没有生命的一堆物质；然后他就可以高枕无忧了。尽管他曾经将它视为生命的摇篮，但他确信，坟墓中死一般的寂静会是它短暂生命的最终归宿。他睡了，却又惊醒。他睁开双眼，发现那个可怕的怪物正站在自己的床前，掀开他的窗帘，用它黄色的、水汪汪的眼睛注视着他。”[1]

在湖的另一面，令人生厌的英国人正在打量着这两个房子里的年轻人，他们试图用显而易见的无神论表现来控制自己。但真相让他们失望。玛丽持续写作，阅读伏尔泰、卢克莱修和卢梭的作品。雪莱则研究希腊文版的普鲁塔克的作品。傍晚，他们和拜伦一起到湖上泛舟，他们讨论的声音在风中回响。

后来，雪莱一家去了霞慕尼远足。拜伦去拜访了修士路易斯，他是《修道士》的作者。借此机会，雪莱焦急地重新拿起笔，在他的日记里写下了几个幽灵的故事。从他的幽灵到他自己、父母、妻子、被抛弃的孩子，他一个字也未提。在日内瓦，雪莱和玛丽给芬妮买了一块手表和几本书，寄到斯金纳街，她还待在那里，前途未卜。

唯一一件可怜的丑闻：克莱尔经常在夜里走到那条分开两个房子的小路。但真正令人感到耻辱的是拜伦面对她时的态度。重要的是：她的身体里有一个生命在颤动着，白天，她可以抄写《恰尔德·哈罗尔德游记》，这首诗纪念的是另一个女人和另一个孩子。或是抄写《锡雍的囚徒》，这是拜伦在几周内写成的，预示着一些看不见的锁链正将他引入无法捉摸的孤独中。

[1]《弗兰肯斯坦》，序言。

▶▷ 小说《弗兰肯斯坦》

这是一本环环相扣的作品——无数的脉石保护着一颗矿石，这颗矿石的光泽永恒地闪耀着，如果《弗兰肯斯坦》能够被任何人解读，它就不是《弗兰肯斯坦》了。这部小说如同一个源头被内容擦去的梦一般取之不尽，但是同时，在身体和意识的边缘，它又将这个梦保持在一个犹豫不决的瞬间。

一个航行了很久的船长决定要去最寒冷的地带探索，甚至可以说是在世界的尽头。这是一个隐喻，昭示着被一种强烈需要所驱使的玛丽，自己也将完成一个这样的旅程。罗伯特·沃尔顿将离开家的温床，去接近那些覆盖着冰雪、最为寒冷的地方，那里单调的景色和停滞的时间只会让他越走越深。

他给留在英国的姐姐写了几封信来描写他的雄伟计划和发现。如果说他要在宇宙中为自童年起就不停提出的问题找一个答案，那就是在极点，在这个没有人的孤立世界。他们再也不会相见了？他不知道。这段旅程充满了危险，这些可怕的危险处境将让他做出绝对的妥协。

在书的开篇就定下了一种严肃而沉重的基调：没有一个措辞是不激烈的，没有一个真相可以如此无法抗拒地被感受到，这个真相正在侵袭着玛丽。在舒适的迪奥达蒂花园别墅，这个地处风光优美的瑞士中心的地方，目光所及都是田园风光，是什么样的寒冷突然抓住了玛丽，让她的思想带着她去了充满敌意的地方？虽然她没有注意到，但在她的整个写作过程中，都有一种超出她意志的力量。她书写着，极尽了被埋藏的记忆中的曲折蜿蜒，未来也在这些记忆中形成。

她想象着，在极地区域，一位船长，沃尔顿，迎接了一个刚刚登陆的男人，那个男人发了疯，给船长讲了一个极其夸张的故事，之后就死在了他的怀中。

冰块沿着船的侧沿浮动，上面的裂痕代替了客厅壁炉墙上令人愉悦的裂纹。沃尔顿为了给自己鼓劲，便给姐姐写了一封信。在那个时候，他已经有了很多进展，穿过了很多大洋，天上的星星见证着他的收获。不然他为什么要出发呢？

邻桌，克莱尔的肚子已经初具弧形，能看出一个新生命的轮廓。不然他为什么要出发？

“愿上天保佑你，我亲爱的姐姐”，沃尔顿写道。那时，冰块包围住了整艘船。船员刚刚救上岸一个失血过多、垂死的男人。这个男人似乎是前一晚坐着小雪橇到一块大浮冰上追寻某种生物的，幽暗的光影和过快的速度让他的面貌变得不那么清晰。

这本书是维克多·弗兰肯斯坦在他绝望而疲惫地死于沃尔顿船长的怀中之前所做的对他的激情与生活的描述。但这也是预兆性的呐喊，玛丽在不经意中，表达出一种恐惧，这种恐惧的原因比理性来得更为强烈，也是因此，她的书中充满了幻想与诅咒。

1816 年的夏天结束了，天空被夕阳的颜色所装点。莱芒湖平静的湖水发出缓慢的汩汩声……她还能继续欺骗自己！

海船继续在充满威胁的水域里开辟新的航线。在船舱里，沃尔顿船长与维克多·弗兰肯斯坦交流着他们对于生命的理解。沃尔顿表达出了他对了解更多知识的热情——还有比增加知识和技术更有意义的生命吗？在他身边，瘦弱的维克多·弗兰肯斯坦被一种无法理解的绝望压倒，正在毁灭的边缘。他的眼神就像是曾经看见过一些在记忆中永远也无法抹去的东西。“没有什么可以改变我的命运”，弗兰肯斯坦回应道。“听听我的故事吧，您就会知道它有多么的不堪。”

在玛丽写作的时候，雪莱辩论的激情让他一再提高自己的声音，直到刺耳、伤人的地步，他弯着腰，瘦弱的身体成了一个拱形，激动地用双手比画着。在他们身边，小威廉叽叽喳喳地说着话。那在伦敦的芬妮、哈丽特还有他们的孩子怎么样了？他们既没有保护也没有生活来源，玛丽和雪莱无视了他们。博爱的思想把他们赶出了玛丽和雪莱的意识。

电影让人们加强了印象中怪物嗜血成性的形象，它不会说完整的句子，盲目地杀掉所有挡它路的人。但是在小说中却完全不同。怪物是一个哲学家，甚至还会一些理性的思辨。它的表达非常准确，它的感受很细微，它用最坚定的言辞纠缠它的创造者，让他完成他该尽的义务。

这个怪物是杀人犯，这毫无疑问。但他只犯了三次罪。或许这里才是集体记忆转变最激动人心的地方：似乎故事给他强加的大量罪名，只是为了掩盖他所犯下罪行的真正特别之处。其实，远不是偶然，也丝毫没有误差，他所杀的人都恰好是维克多·弗兰克斯坦——它的创造者——所挚爱的人。依次是他的弟弟威廉，他最好的朋友和同学克莱尔瓦，还有他新婚妻子伊丽莎白。

是的，这个怪物所伤害的是爱，因为它自己并不是因为爱而诞生的，它不过是一堆器官构成的、没有名字的生物，尽管后世竭尽全力给它一个身份，即它的创造者的身份。

维克多·弗兰肯斯坦在一个日内瓦贵族家庭长大，在一种完全是“雪莱式”的和谐中成长。他作为一对晚婚夫妇的第一个孩子，接受到的来自父母的教育是耐心、慈善、自控，都是可以引人走向幸福的品质。在他与沃尔顿船长讲述的故事中，他心满意足地停留在自己的童年记忆里。“当我试着向自己解释这种掌控了我后半生命运的激情时，我看到这种激情就像山间的河流淌着，它的源头那样谦卑，甚至被人遗忘；可是这条河在流淌的过程中慢慢壮大，变成了一股洪流，从那一刻起，它带走了我所有的希望和快乐。”

细致入微的玛丽，她知道去探寻所有命运的源头，也就是建立星盘的根据。拜伦和雪莱在她的身边，徒劳地争论着人类的未来，但真正让命运隐秘地汇聚成洪流的是上游的力量。

维克多在一个没有矛盾、充满爱的环境中长大，他与父母收养的小女孩伊丽莎白·拉温瑟有着亲密无间的关系，他叫她表妹，她的身上似乎散发着光芒。这两个孩子不懂所有形式的分歧。这家人住在日内瓦，不过它们更常住在贝勒里夫，就是玛丽所写的地方。伊丽莎白被接待在一个意大利小农庄里，她的优雅和这个地方的粗陋形成了鲜明的对比。就好像玛丽，她的母亲在生她之后不久过世，而她的父亲正因追求自己国家的自由在奥地利的监狱中失魂落魄。就像孩童时代的雪莱，他喜欢把最常见的东西浸润在神秘之中，或者是给这些东西加上不断来自他灵魂的谜语，维克多将自己形而上学的追求诉说给神秘学的哲学家，并且研究阿格里帕·冯·内特斯海姆、帕拉塞尔苏斯和艾尔伯图斯·麦格努斯的作品。

维克多在青年期迎来了他人生的第一次不幸。“‘预兆’，他与沃尔顿船长坦白，‘厄运即将来临’。”伊丽莎白得了猩红热。但是在面对这个孩子所遭受的危险时，她的养母，也就是维克多的亲生母亲，因为照顾她而染病过世。女儿又一次杀死了母亲。

维克多在英戈尔斯塔特大学上学的时候，发现了那个时代的科学，他的质问变成了一种想掌控自然的欲望。他对意义的追寻在研究带来的答案面前消失殆尽，他的精神被一种强烈的欲望所缠绕，“想要在宇宙面前揭开造物最深藏的秘密”。“如何知道地球和上帝的秘密？如何让身体远离疾病困扰，让人类变得百毒不侵，实现对社会有用的价值……”但他求知欲背后真正的原动力是希望能重塑人的生命，因为很显然，死亡让身体腐烂。就是在这些想法中，他开始准备他的造人计划。

在几年劳苦而孤独的工作后，他成功地发现了人类和生命诞生的机制，并且找到了激活有机物的方法。内心无可抗拒的力量驱使着他，同时他又被抗拒厌恶的想法和日益增强的好奇心撕裂，他无不充满恐惧地完成了自己秘密的计划，“一边亵渎着坟墓里的亡灵，一边折磨活着的动物来激活没有生命的土壤”。维克多自身的追求让他陷入了一种病态的着迷，他自己也知道这是不健康的，但却没有能力从中脱身。他的造物是一个可怕的集合体，集合了他大规模地从墓地里偷来的尸体的不同部位。

最后，“在11月一个阴森的夜晚”，维克多，在一种几近痛苦的焦虑中，看到了这个造物睁开了黄色而暗淡的眼睛。他即刻被恐惧和恶心擒住，逃离了实验室，抛下了这个他亲手创造出来的生命。这时，在实验室与玛丽身上，一个怪物醒了。

接下来的故事就是两位主角对死亡的抗争，这场抗争时不时因为两者寻求相互的理解而中断。这个怪物自它诞生的那一刻就被放逐，沉湎于它从未用到过的爱的能力。它很快就发现自己引起的恐惧与它和人类之间的差距，但是通过观察和模仿，它掌握了一些人类生活的方式。然而无情的是，所有不停增长的认知都在进一步地确认它是一个异类，并将它趋于更加孤独的境地。依然是通过模仿，它学会了人类交流的方式。

同时，玛丽在她的日记里仔细地记下了她所读的书、琐碎的小事，还有在美丽的阿尔卑斯地区的远足，那个怪物，就有很多事情可以诉说。一种沉闷的焦虑开始发出声音，回应着拜伦的犬儒主义、雪莱的纯洁主义、葛德文顽固的沉默以及克莱尔的轻浮。

日内瓦的夏天即将结束。拜伦表现出令人厌恶的一面，他对克莱尔已经没有任何欲望。玛丽表达了她对英国风景无限的怀念。这个年轻的三人组突然想到，没有比像一只猫那样躺在一个荫蔽花园小农舍的沙发上更令人宽慰的事了。于是他们在巴斯找到了这样一个住所。克莱尔可以避开伦敦人的目光孕育自己的孩子。9月，他们回到了英国。

如果雪莱不是因为要回到伦敦与债主抗争，那么在巴斯的时光还算平静。谁能相信一个怪物正在这个安静的乡间徘徊？雪莱写信给拜伦表达了他对克莱尔还未出生的孩子感到的光荣以及担忧。拜伦并没有什么很好的方法解决孩子和孩子母亲的问题，漫不经心地回复了雪莱。他准备去威尼斯，并希望自己在被放逐之后还能享受些苦涩的欢愉。

在斯金纳街有一些芬妮的消息，单纯而沮丧的消息。葛德文一家所经历的丑闻让她备受打击。哪个年轻男人会对一个既穷又是孤儿的女孩儿感兴趣，而且她的姐姐还有如此不得体的行为？她刚刚还被别人拒绝做家庭女教师。芬妮觉得自己既没有过去也没有未来。一封来自布里斯托的信强力地警醒了雪莱，他即刻就赶去了芬妮的住处。那是 1816 年 10 月 9 日，芬妮死了，手腕上还带着雪莱夫妇送给她的手表。在她的尸体边，人们发现了一瓶鸦片，还有几行令人心碎的遗言，她认为自己年轻的生命没有任何用处。

尔后，玛丽在离开家的两年后第一次收到她父亲的来信，他要求玛丽对这件事保持沉默。他们向芬妮亲近的朋友宣称她是因为感冒去世的。查尔斯·克莱尔蒙彼时不在伦敦，他直到第二年夏天才知道芬妮的死讯。

没有人去芬妮的坟墓纪念她，玛丽则继续她的绘画课和阅读，她的日记本里记下了她勤奋阅读的书单。那天的信件丝毫没有提到这场悲剧。玛丽不知道该说些什么抚慰的话，也不知道如何告别，更不知道生者与死者分别时需要些什么样的仪式。那一股股激烈的、被压抑的感情在她身上汇聚成一股强大的洪流，在那些沉寂的混乱中已经日渐壮大。

奇怪的是雪莱开始在他的日记里记下他每天所吃食物的精确质量。他经常要回到伦敦去弄点钱，还要联系他的出版商和政治圈的朋友。在12月4日，玛丽给雪莱写了一封信，告诉他自己刚写完了《弗兰肯斯坦》的第四章。那个章节里，维克多·弗兰肯斯坦发现了生命诞生的原因。

在1816年11月期间，雪莱无数次向他的出版商胡卡姆打听哈丽特的消息。12月15日，胡卡姆寄来一封信。玛丽在那天的日记里写道："画画——胡卡姆的来信宣布了哈丽特的死讯——和雪莱一起出去，吃完晚饭，他去了城里——读切斯特菲尔德的作品"。

《泰晤士报》里的一篇短文写道："周二，一个外表体面的女人，在即将分娩之际，跳入了塞邦汀河。她带着一枚钻戒。人们猜测是她失常的行为造成了这场悲剧，她的丈夫在国外。"

雪莱异常绝望。15天之后，在圣米尔德丽德教堂，他与玛丽举行了婚礼。"这段时间我忘了写日记——雪莱去了伦敦，又回来了——我和他一起去了——我们在利·昆都和葛德文家逗留——29日举行了婚礼[1]——画画——读切斯特菲尔德勋爵和洛克的作品。"

那是她的婚礼。葛德文一家出席了他们的婚礼。前一天晚上，这对年轻的夫妇被邀请去斯金纳街用晚餐，气氛很和谐。葛德文颇为满意地写了好几封信给他的朋友。雪莱把这个消息告诉了克莱尔，之后又告诉了拜伦，说这个仪式让葛德文一家得以平静下来，他还认为这个仪式不过是一种投机的做法，并不会改变他对这种仪式的看法。

---

[1] 玛丽记错了日子。她的婚礼是12月30日。这种令人意外的冷漠和笔误真切地与她想把这件事缩减到最小的愿望联系在一起。这件事承载了她所有的焦虑，自从哈丽特死后，她似乎实现了自己神圣的报复，她的死是玛丽所期待的，可她却又因此感到害怕。

1817年1月，克莱尔悄悄地生下了一个女儿，一开始她叫阿尔巴，在询问了她的父亲后改名为阿列格莱。玛丽请求雪莱为了自己幸福给她一个“不存在克莱尔的花园”。后来她有了这个花园，但是那里也有克莱尔。

1817年2月，雪莱在马洛找了一个房子，他在那里签了21年的租约。这是一个舒适的住处，有着完美的比例，一个朝向花园的书房，被一片庄严的雪松遮蔽着，还有一个菜园和许多花。玛丽支了一个灶台，她的生活从来就没有这么稳定过。这样的情形持续了一年。在玛丽夫妇、克莱尔和奶妈艾丽斯的目光下，小威廉和小阿列格莱嬉闹着成长。阿列格莱得到了一个假的身份，她真实的身份不能让葛德文知道，因为玛丽和雪莱才刚与他和解。

但是，那个怪物已经完成了他致人死亡的使命，玛丽，一边照看着孩子们，一边修改着《弗兰肯斯坦》。

死亡中的诞生

在维克多的实验室里，这个生命的出现显示出所有极度痛苦的特征：黄色而黯淡的眼睛、干瘪褶皱的脸颊、费力的呼吸、痉挛般的动作。这个生物就这样醒来了，却像一个死人。维克多全身冷汗，牙齿打战地迎接这个生命的到来。就好像人被一种无可抑制的焦虑所侵蚀后表现出来的样子。

事实上，与其说这个怪物是一些身体的部分拼凑出来的造物，不如说其是由在意识之外的、一些禁欲的心理迹象组成的，因为这些东西是不被接受和无法理解的。它们是恐惧的迹象，对爱的渴求、谋杀的欲望、没有回应的呼喊、被否认的负罪感和精彩绝伦的不解所留下的痕迹。

维克多再也无法从这种状态中逃离，他的睡眠中都是噩梦：梦里，在英戈尔施塔特街上，伊丽莎白向他走近，如此的优雅。他想亲吻她。可是在第一个吻之后，她显示出了死人才有的青灰色，他才发现自己抱住的竟然是死去的母亲的尸体！

小说开头出现的精神世界，既不是真正的思想，也不是真正的记忆，而是玛丽原生的痛苦，她的出生所代表的事：在死亡中出生，出现与分离的紧密结合，一种令人无法理解和突然的转变，从温情突然就变成了被抛弃的冰冷，这种恐惧，因为她让给她生命的人消失在这个世界上，在那一天，我们与她一起在精神上产生了困惑。创造者逃离了，可是他所创造出来的生物却要承载着死亡的印记。

怪物的诞生令人忧虑和困扰。它只能睁着他空洞的双眼看着它正在睡觉的创造者，并且尝试着嘟哝一些不连贯的词，伸出一只手去抓住他……就像是一幅嘲笑儿童笨拙行为的讽刺画……她写出了这个怪物，同时也开始驱赶自己的魔鬼。程度更甚。在精神分析学家对死亡的理论基础上，她暗自以一种研究者的热情猜测“失去”的心理症状，并且以一种先知的视角预测了当代人的灾难。

怪物自问道：“谁是我的父母，还有我的家庭？我童年的时候，没有父亲保护我。也没有一个母亲冲我微笑或是轻抚我。从我遥远的童年开始，我的外形就没有发生过任何改变。我没有见过任何一个与我类似的生物，那么我到底是谁？”

它喜欢那些温和的品行与人类的女性伴侣。很多次，它尝试和女性见面，它的彬彬有礼让它忘了自己可怕的样子，但是它所受到的长期的拒绝加剧了他的绝望、沮丧还有复仇的欲望，这种欲望不断增长，但是它还在强忍着。

在玛丽的作品中，怪物诞生两年时，也正好是玛丽在1814年从伦敦逃到日内瓦开始写《弗兰肯斯坦》的时间。维克多在充满妄想的发烧中度过这两年，他一直离家很远，他的发小亨利·克莱瓦勒会来照顾他。那个怪物则通过吸食培养基中的营养和学习人类的行为存活下来。

维克多花了很长时间才慢慢恢复过来。克莱瓦勒非常细心地照顾、支持他，让他的状态得以恢复。伊丽莎白寄来了一封信，语调温柔，其中还含有对家里发生的各种各样事情的担忧。维克多年纪最小的弟弟威廉长大了，“他很有魅力……头发卷卷的……他的酒窝……他已经吸引了一两个小女孩，但他最喜欢的还是路易斯·拜伦”。伊丽莎白乞求得到维克多的消息。他回信安抚了她，接着开始了极为艰难的身体恢复过程，在这过程中，他没有流露出真正的理性，他试着摆脱一种恐惧，那是看到实验室里任何一件东西都会引起的恐惧。

最后，克莱瓦勒通过自身的活力让维克多得以从忧伤中摆脱出来。回日内瓦的行程已经定下，维克多非常高兴地为此做准备，他的精力重新回来了。就在这个时候，他收到了一封来自他父亲的充满戏剧性的信：弟弟威廉被谋杀了。维克多立即订了马车奔赴日内瓦。在夜幕降临之际，天空被令人眼花缭乱的闪电割裂，他隐约看见“一个巨大身影的出现和人性前所未有的丑恶面”。一切都结束了。那个怪物在维克多度过童年的地方游荡，在他的家庭周围出没。这个孩子的死归因于一种不可置信的狂野，揭示着这个魔鬼的愤怒。他掐死了威廉，此刻他代表了一种威胁，他又因此更为强大，尝试着与他的创造者进行直接对峙。尤其是，这个怪物想要和维克多·弗兰肯斯坦对话。

威廉这个形象集中了很多玛丽生活环境中的人：他是玛丽现实中的弟弟，是他父亲和玛丽·简·克莱尔蒙特生的孩子，而且和他父亲同名……另外，在玛丽·沃斯通克拉夫特生产的时候，他们期待代替小玛丽出生的其实就是这个男孩。当然，他也是玛丽自己的小儿子，在玛丽写《弗兰肯斯坦》的时候，他大概一岁。

威廉这个小男孩在森林里迷了路，当他遇到怪物并且告知其自己的身份时，就被这个怪物残忍地杀害了。暴力的冲动在强烈的欲望面前消失了，最后这欲望比罪恶感更加专断地侵占了维克多。他下了决心要完成自己的这个作品，于是把这个大罪嫁祸给一个无辜的女人：贾斯汀，他们家的女佣，在她母亲过世后被领养，在承认了自己没有犯过的罪之后，她只有请求死亡。贾斯汀的性格有些软弱，这正符合玛丽对芬妮的看法……贾斯汀或是芬妮都因为一场与他们毫无关系的悲剧而被不公正地指控。

接着，在小说中爆发出来的被长期压抑的自杀的念头像阴云一般笼罩着写作《弗兰肯斯坦》的几个月，而在玛丽的日记里，似乎没有显示出任何迹象。现实生活中，芬妮的葬礼上，玛丽只字未说，而在贾斯汀的葬礼上，伊丽莎白则代替玛丽说出了想说的话。只有通过写作，玛丽才能控制住她因为芬妮自杀而产生的痛苦，而伊丽莎白可以说出玛丽所遭受的痛苦："伊丽莎白很悲伤也很绝望。她对平时的工作再也提不起任何兴趣，所有的愉悦在她看来似乎都是对死者的亵渎；在她眼中，无尽的哀叹和眼泪才是对一个无辜者死亡应尽的义务。"

维克多担心着其他谋杀的发生，他强烈的痛苦和负罪感让他产生了一种巨大的欲望，希望自己能"堕入一片寂静的湖泊中，让他的身体与厄运被湖水永远地埋没"。在威廉死之后，小说的情节因维克多与怪物的相遇变得更为紧张。怪物强调自己的存在，要求自己被聆听。在壮丽却忧伤的冰海前，他表达了自己的慌乱、无尽的孤独、对爱与美德自然的喜好、遭受的拒绝还有无边无际的绝望。

也就是这样，他提出了他的诉求。既然维克多将他孤身一人抛弃在这个充满敌意的世界上（或者是因为他的同伴没能够认出他），维克多欠他一个和自己一样的伴侣："一个相反性别的生物，但是要和他一样丑陋。"这就是那怪物的要求：他需要得到爱——他需要通过另一个和他同类的生物认可自己的存在。之后，他就会放逐自己，远离人类生活。但是如果他不满意，就会继续伤害维克多。

他用一种无可比拟的优雅大声地说出了令人可憎的事。他的语调与往常书中的纯洁主义割裂，因为强烈的怒火而颤抖。"如果我不能唤起爱，那我就要播撒恐惧，尤其是在与您相关的人身上，您是我的死敌，我将会不断地播下憎恨的种子。您小心点吧，我会为了毁灭您而努力，直到我将绝望倾倒入您的心脏，您开始诅咒自己的出生，我才会停下来。"

听到了吗？这一幕不就是两年前，因为与雪莱的恋情让玛丽与父亲反目的回应吗？或者说，是一种出现在小说里，她从未表达过的事。对于两个年轻人的出逃，葛德文用一种愤怒的沉默回应。这两年里，他把深爱的女儿逐出自己的生活，禁止芬妮与她见面，而对于玛丽孩子的出生，他也没有做任何表示。然而，他和雪莱始终保持着金钱上的联系。这一切对玛丽来说都是无法理解的。她难道不也是两个极其崇尚自由恋爱者的孩子吗？

玛丽被这种爆发出来的毁灭性力量折磨疯了，她通过怪物这个媒介，要求和指责："哦！弗兰肯斯坦，不要再试图通过公平地对待其他生物而将我踩在脚下，你欠我一个公正，甚至还有你的宽恕和喜爱。记住，我是你的造物，我原本是仁慈善良的；可我遭受的痛苦把我变成了一个魔鬼……完成你对我应尽的义务吧，偿还你欠我的，既是对于你自己，也是对于其他的人类。如果你能满足我提出的条件，我就不会再打扰你和其他人类；但如果你拒绝了我，我将会把你身边尚还活着的人变为成堆的尸体放入死神的口中，直到他饱食他们的血肉。"

在马洛，玛丽的心有些激动，她再次悄悄地合上了书的手稿。她要去做果酱。他们在等待评论作家利·昆都和他一群孩子的来访……威廉露出他嘴馋的小脸，小阿列格莱继承了父亲的美貌，在襁褓里咿咿呀呀地说着话。玛丽彼时过着平静的生活，但有一天早晨，她在怪物骇人的话语中惊醒过来："厄运是孤独与拒绝的结果。给我一个与我相仿的伴侣，我们会离开人类的世界，你们再也不会看到我。"

为了保护他身边的人，不堪重负的维克多为了怪物最终能离开而答应了他的条件。可是他后悔了，而且还毁掉了自己已经开始创造的生物。他担心这样会产生“同样丑恶的后代，并威胁整个人类”。怪物异常愤怒，他再一次与维克多对峙：“不要忘了我的能力……你是我的创造者，但我才是你的主人，你必须服从我！”接着，他又说：“我走了，但是记着，你结婚的那一晚，我会出现在你身边。”他大声说出了这灾难性的威胁。造物主与被造出来的生物之间已经不再寻求相互的理解，他们之间只剩下仇恨。

玛丽将创造女性怪物的地点设在了贫瘠的苏格兰，她曾在巴克斯特家度过了一段青年时光。亨利·克莱瓦勒陪伴着维克多从英国出发穿越了大陆，到达莱茵河，又到达鹿特丹，接着急切地沿着玛丽三人组两年多前走过的旅程，回到了伦敦。玛丽在书写的时候，只能将这段旅途在脑中过一遍。她描写了壮丽的莱茵河的弧线和周围的山丘。她没有忘记任何激动人心的风景，那悬崖边城堡的遗迹，还有长势旺盛的葡萄园。这场旅行造成了1814年冬天的悲剧，造成了她与克莱尔和雪莱那可憎的亲密，还有她女儿的出生和死亡……制造，毁灭……一种不可名状的焦虑紧紧地抓住了她。

在她意识场之外的一些无法承受的回忆，都在小说中有所体现。她讲述了维克多和克莱瓦勒的行迹，还有得以让怪物控制世界的永恒而又模糊的威胁。但在无意识中，玛丽书写了另一个故事，充满了其他的形象，多么真实，更加无法触碰……

克莱瓦勒流露出了生之喜悦，而维克多则因为自己必须要完成的工作而郁郁寡欢。这是书中描写这位忠友的著名片段：“克莱瓦勒！我挚爱的朋友！即使是今天，引用您的话和沉浸在那些对您非常合适的褒奖中，对我来说仍是一种快乐。”玛丽用一种夸张的方式来赞扬这位维克多发小的优点，他对美有敏感直觉，他很活泼，他对朋友很忠诚。接着，那个怪物，用他赤裸和畸形的双手杀了他。

之前两个人出于某种原因分别了，维克多只能独自一人重新制作着他那非常难看的作品。但是，当维克多将这个作品毁掉的时候，那个怪物立刻进行了复仇，将克莱瓦勒杀害。克莱瓦勒，是克莱尔蒙。就这样，克莱尔消失了。这个怪物在焦虑的流浪中所乘坐的小船让人联想到玛丽出逃时所坐的小船，而克莱尔的存在让她产生了非常矛盾的情绪。

“现在，他在哪里？”玛丽在提到刚刚被她“杀掉的”克莱瓦勒（克莱尔蒙）时写道，“这个极其精致的温柔生物永远地消失了吗？这个充满想法、幻想与华丽的图像的灵魂，他的存在与他的创造者紧密地联系在一起，这个灵魂已经死亡了吗？”

克莱尔温柔地唱着歌哄她的小女儿入睡，她美妙的声音得到了拜伦的赞叹。雪莱经过，短短的一瞬间里，他的眼神变得局促不安，他瘦弱的肩膀发出了一丝难以察觉的颤抖。玛丽的目光在模糊的幻想中失焦。

每次谋杀之后，书中的描写都体现出正在加剧的焦虑与不安。剧情的进展终于到达了最可怕的阶段：失去我们所挚爱的人。维克多被负罪感压垮，他断绝了与他身边的人来往，这也是一种征兆，预示着玛丽即将面对的孤独。“在他们中间，我挑起了一个敌人，这个敌人因使他们溅血而快乐，因他们痛苦的呻吟而兴奋。可要是他们知道这罪恶行为的根源在于我，他们中的任何一个都会憎恨和驱赶我！”

玛丽内心的争论到达了顶峰，她的想象之火也熊熊地燃烧起来。和雪莱一样，她相信思想的巨大力量，而此刻，她只能更相信对她生命中发生的事件的种种阐述。毕竟，这是《弗兰肯斯坦》中所提出的问题所体现出来的。想要善、美德、普遍的和谐，那就需要转变整个世界。想要对手和讨厌的人消失不见、死亡，那就是谋杀。而谋杀就会引起惩罚。

维克多由于无法跟任何一个人分享自己创造了一个怪物的秘密，他的孤独成倍地增长，直到他终于忍不住向他的父亲坦白。在这简短的对话中可以听到玛丽通过维克多发出的声音：“我是杀害那些无辜受害者的凶手；他们因为我的阴谋诡计而死亡！如果可以，我真心希望能够将自己的血一滴滴地流干来换回他们的生命；但是，噢，我的爸爸，我做不到啊，事实上，我不能牺牲整个人类。”老弗兰肯斯坦先生无法理解儿子的这些话，他认为这只是一些二次创伤记忆，于是催促他与伊丽莎白赶快完婚。于是维克多在一种备受威胁的气氛中准备着婚礼，而伊丽莎白并没有意识到。就在他们结婚的那一天，“他充满了忧伤，预感到了厄运的降临”。

玛丽自己是怎么度过这一天的呢？在日记里丝毫没有提到，唯有她记错的日子体现出，她内心的抗拒和与这件事保持的距离。

但是，老弗兰肯斯坦先生却表现出巨大的喜悦，就像葛德文一样。维克多则时时担心着那悬在空中的威胁。不过那天晚上被杀的是伊丽莎白。“她就在那里，一动不动，被人扔在床上，头部下垂，脸色苍白，一半的面部被头发遮住。我到处看到的都是相同的画面，她失血过多的双臂和她崩塌的身体，被凶手扔在婚姻的棺材里。”

“婚姻的棺材”，在玛丽的作品中，没有比杀死人的命中注定的婚姻出现次数更多的主题。

这次，玛丽（怪物）杀掉了玛丽（伊丽莎白），这次，玛丽把怪物的复仇引到了自己的头上。她任由自己害怕因为对雪莱的违抗受到惩罚而产生的焦虑体现在书中。书中的人物抓住了无意识的标识，它们构成了一些对照、转移的基础，让整部小说体现出如梦一般的特点。

玛丽在无意识的指引下写作，最初所写的白日噩梦，不可思议地浓缩为一种观点，这种观点通过写作展开，发展出无数种可能性。谋杀不仅仅是被压抑的暴力的表达：这首先是有关于赎罪和驱魔。如果书中的故事热衷于除去所有维克多所爱的人，让他最终独自一人面对他所创造出来的生物，那么小说精彩绝伦的结局，也体现出了对无意识焦虑的控制，虽然说这种焦虑是积极的。

当玛丽开始写《弗兰肯斯坦》的时候，她已经害怕她的幸福生活即将受到报复。不管怎样，这就是小说所证实的，与日记里极度的冷漠形成鲜明的对比。她已经感受到了身边人对她的厌弃和来自社会的责难，虽然经历了自己想要的流浪，却不尽如人意，还要面对大量债务和执达员。小女儿的死对她来说必定构成一种惩罚，就像是一系列令人害怕的厄运的开始。她唯一的朋友就是克莱尔，而拜伦和他的同性恋医生，以及其他人都是“社会的怪物”。她和雪莱遭受了“来自全人类的鄙视和敌意”。他们回到瑞士的时候，得知了芬妮和哈丽特自杀的消息……这真是为了抛弃而抛弃。

《弗兰肯斯坦》对于玛丽来说是她第一次集中地表达自己的绝望，

这种绝望在小威廉死后终于爆发出来，也是雪莱死前不久。玛丽在书中加到怪物身上的，是她自己也非常害怕的事。那个怪物夺走他身边的人，让他陷入一种深深的空虚之中，这就是最令人害怕的一面。

玛丽有些疲惫，雪莱温柔地抱住她的肩膀，鼓励她继续写作。于是，小说开始表现出一种哀求的语调，就如同玛丽平时所读的古典悲剧所体现的那样。但是谁在哀求？他又在抗拒怎样的厄运？如何抗拒？

故事一页页地继续。一桩桩的谋杀对维克多产生巨大的冲击，也是对他的惩罚，这恰好满足了玛丽想要报复的欲望。这些谋杀处理了一些无意识的想法，赶走了玛丽不可告人的敌意，尤其是对克莱尔的敌意，被迫陪伴她这件事依然让玛丽怒不可遏。通过写作，玛丽试图减轻两人自杀对她造成的创伤记忆并且控制自己因此产生的罪恶感。这些谋杀让困住玛丽的焦虑无处遁形，也揭示了她所忽略的事情。

但是更奇怪的是：这些谋杀预示了这个年轻女人注定孤独的命运。18 岁的时候，她就在作品里惩罚、报复、打击、哀求、要求和密谋。可她在写作时，并没有意识到笔下正是自己的命运：孩子、朋友、配偶接二连三地死亡。尽管她并不自知，她成了自己未来的预言家。至少，在读小说的过程中，如果人们发现了命运和无意识的隐秘关联，就会感到慌乱。

从这个角度来看，《弗兰肯斯坦》不是一个单纯的梦，而是有先兆性的梦。

堕落天使

玛丽的梦中，迪奥达蒂花园别墅的百叶窗又合上了。又是几年后，“时间看透了一切，它终将完成它的作品”。[1]“要知道，一个接一个，我身边的人都被夺走了，我现在孤身一人”，在自己经历这一切的几年前，她在《弗兰肯斯坦》里写下了这样的话。

维克多确是孤身一人在这个世界上。他的父亲沉湎于失去伊丽莎白的痛苦之中，而这不可平息的厄运让过分聪明的维克多最终充满恨意地面对自己的造物。不同的是，这次报仇的欲望出自维克多。

玛丽仍然是那个怪物，不停地请求着，充满仇恨，但她同时也是维克多，那个失去了一切的人，就如同不久后她自己也将经历的一切。她是那个喊着要复仇，并且要摧毁那个夺走她一切的、正在不断逃亡的怪物。这双重性的主题与自我生殖的幻想联系在了一起，同时确定了其必然产生的后果：死亡是最终分离两者的途径。

维克多从被追寻的人变为了一个追寻者，可是他并没有更加自由。在怪物的一路牵引之下，他走向了世界的最北部。在往北走的旅程中，路上的寒冷几乎是无法克服的，在这过程中，怪物在石头上刻下了一些可怕的言论。“我的统治还没有结束”“您还活着，我的力量还都在。跟着我吧，我会去北边，那里的冰块永远都不会融化，您将受到寒冷和冰冻的考验，而这种环境完全无法伤害我。”永不融化的冰块，紧接着就是“永恒的仇恨”。维克多与怪物一对一的时候，

[1] 索福克勒斯：《俄狄浦斯王》。

已经跳脱出了时间的局限。

为了能够实现这次见面，维克多不能让自己在中途死亡，怪物将食物储存起来，以确保最后的对峙可以实现：在浮冰上，远离地面和人类居住的地方，作为一个由死亡的物质创造出来的生物，怪物非常熟悉那里的寒冷。玛丽也非常熟悉这种寒冷，那是来自她出生时最初的记忆。然而这块浮冰碎了，被海浪冲散，将两者通过激情所联系的无法分开的东西永远地分开了，没有一个人最终能活下来。

玛丽似乎有些着急地想要结束这个故事。沃尔顿船长救了维克多上船，但他还是死于疲劳。玛丽还是没敢让维克多死在怪物的手里。冰块的断裂，故事的终结，最终让怪物不论是在人们口中还是被描写的故事里，都带上了维克多的名字。

沃尔顿在维克多的口中得知了所有事件的种种联系。怪物在它已故的创造者的尸体边发出哀号和自责：因为它知道悔恨。它不是一个邪恶的怪物，而是一个患有神经官能症的怪物，它不知道怜悯，同理，也没有负罪感。它的魔鬼情结并不是纯粹地为作恶而恶：直到他生命的最后几分钟，它依然表现出他对爱无果的追求和对普遍的憎恨的恐惧，沮丧的感觉限制着它。它也被自己所犯下的谋杀罪行折磨，被受害者和维克多所受到的痛苦折磨。它说自己是冲动的奴隶，而非其主人，这种冲动“令它厌弃，可是却完全没有办法不服从”。

在它与船长精彩的对话中，这个怪物表现出了对自己清醒的认识。它只想说话，进行自我分析。在它即将死亡的那种肃穆之中，怪物再次提到了它所遭受的那几个月以来的痛苦和孤独，“它看自己的时候，产生了一种无可比拟的厌弃”。堕落天使变成了邪恶的魔鬼，怪物自我指控“杀掉了精致而脆弱的生物，掐死了正在睡觉的无辜者，诅咒它的创造者遭受痛苦”。时间很紧迫，它最后的话是悔恨，是给自己辩白的欲望，是悲恸地乞求爱和人类对它认可的最后尝试。然后，它逃离那艘船到了浮冰上，立起了焚烧的柴堆，在那上面展示了它的胜利。

在马洛，玛丽又合上了她的笔记本。玛丽再次怀孕了，即将给雪莱生一个小克莱拉，对她来说，就像挥之不去的克莱尔一样。雪莱又变得很暴躁，自以为有肺病，应该活不过这个冬天。

《弗兰肯斯坦》在1818年3月11日匿名出版。同一日，雪莱、玛丽和克莱尔再次出发，这次是去意大利。作品开头写了下面的献词，尽管是恭恭敬敬的，却令人生畏：

给威廉·葛德文

《论政治公平》《迦勒·威廉》等的作者

本书由作者充满敬意地奉献

1822年7月9日，雪莱在拉斯佩齐亚海湾溺亡。之前在船上陪伴他们离开英国的三个孩子也失踪了。

►▷ 俄狄浦斯与普罗米修斯

马洛是产生灵感的地方，很快也变成了产生问题的地方，而且这些问题无法解决。克莱尔一直在身边的问题并没有得到解决，阿列格莱的未来也还没有定数，债务更是不停地堆积。雪莱跑遍了泰晤士河边的小岛，把自己长时间地关起来写作。可是现实的痛苦时常会回到他的脑中，就像不可避免的叠影一般在他梦中出现。他发表了《伊斯兰的抗争》，用了一种隐喻的手法来颂扬爱情和法国大革命。革命是两个情人的杰作，他们是兄妹，最后一起在柴堆上被烧死。结局的时候，他们复活了，坐在一条闪闪发光的船上，由一个小天使引领着，在海上航行……为什么他的作品和梦中总会出现海和柴堆？

到底要怎么养活他的家庭、克莱尔和阿列格莱、葛德文一家，还要帮助他的朋友利·昆都和他的五个孩子？准备什么嫁妆给查尔斯·克莱尔蒙特可怜的未婚妻？眼部剧烈的疼痛再一次袭来，让他无法阅读。之后，他和玛丽进行了一次很长时间的谈话。意大利是一个好地方，他们已经向往那里很久了，那儿的生活费会低一些，阿列格莱可以交给拜伦照顾，至少可以保证给她贵族的教育。

这个决定让那些侵袭着雪莱的强有力的想象暂时停止了，它让雪莱重生了。但是在出发之前，玛丽要求孩子们受洗。威廉、克莱拉和阿尔巴·阿列格莱，“应该是乔治·戈登·拜伦勋爵的女儿，这个没有固定住所的贵族，在这片大陆上旅行”。于是这些孩子就被带到了原野圣吉尔教堂受洗。

阿列格莱由她的奶妈带着去了威尼斯。拜伦在那里得到了“贡多拉和情人”，并且在环礁湖上过着享乐的生活。他把孩子交给了一位英国领事的妻子霍普纳夫人，想尽一切办法使烦人的克莱尔远离他的生活。雪莱慷慨地做了中间人，与克莱尔一起来到威尼斯，帮她拿到了访问资格。拜伦接受了他们谈判的请求，并要求他们远离自己，他在埃斯泰给他们弄了一座别墅，好让克莱尔和她的女儿在那里生活。

克莱尔、雪莱、阿列格莱还有女佣人艾丽斯在那里住了三个星期，雪莱让彼时还在巴尼迪卢卡的玛丽去找他，那是1818年9月。玛丽独自一人度过了她21岁的生日，打包了如山般的书，收拾了行李，准备和小克莱拉一起踏上漫长的旅途。重新上路的时候，她又处于非常担心的状态：因为无休止的旅行，小女孩非常疲惫而且生病了，变得很虚弱，单纯因为牙齿发炎引起的发烧已经变成了痢疾。

等到了埃斯泰的时候，孩子的疲惫更是恶化了她的病情。然而雪莱却做出了一个反常的行为，或者说是致命的行为。他严重地低估了孩子因为生病所面临的危险，并强加给玛丽一个高强度的时间表，实际上是为了给他自己留出时间去威尼斯见拜伦。帕多瓦的医生每天早上8点30分才有空。这一路上布满艰辛，凌晨3点出发，傍晚必须要到达，这可能不是解决问题的最好方法。到达帕多瓦时孩子已经筋疲力尽，状况越来越差。可是，雪莱并不想放弃自己接下来的行程。在穿越环礁湖的时候，雪莱发现自己忘了带必需的护照，便失去了理智。因为这无休止的延迟，雪莱怒不可遏，最终他强行越过了海关。在速度缓慢的贡多拉上，孩子已经脱水，并且不断痉挛。可预见的结局很快就会到来。

最后他们到达了一家不知名的小旅店，雪莱马上去找拜伦的医生，可是他找不到。就在这期间，旅店老板找来的医生看了孩子，表示她已经没有任何活下去的希望了。一个小时后，孩子死在了母亲的怀中。

玛丽在1818年9月24日的日记里写道："这是一篇充满厄运的日记。读读李维和阿尔菲耶里的剧作就会知道。雪莱写道，他给我读了《俄狄浦斯王》。9月22日，星期二，他到了威尼斯。星期四，我和克莱拉一起去了帕多瓦，在那里见到了雪莱。我们和可怜的克莱拉一起去了威尼斯，她刚到就死了。霍普纳先生把我们从旅馆接走，住到了他家。"

日记里的语调一如既往的冷漠。可是她再也无法逃避的是她自己的罪恶感，因为她已经再也无法无视雪莱因为自己不受限制的、海水般不稳定的性格以及为了实现自己的欲望而躲开作为父亲责任的现实。

克莱拉第二天被埋在利多。"无所事事的一天，我去了利多，在那里遇见了阿尔巴（拜伦勋爵）"，1818年9月26日的日记这样写道，那天是下葬的日子。接下来的一天，在一大片的涂改中，有一处奇怪的地方："去了爸爸[1]总督官。"这难道不是玛丽不自觉地发出的对父亲的呼唤吗？她还能抑制自己的绝望和愤怒多久？

秋天已经给罗马的道路染上发光的色彩。他们去往那不勒斯，那里的冬天更加温和。确实，那里的冬天没有那么难过，可是因为孤独，他们的生活依然十分沉重，即便是维苏威火山的壮丽和日常的阅读都没能给他们的生活带来欢欣。在那里发生了什么？雪莱再一次生病了，克莱尔也是，这是一种玛丽完全不理解的病。

1818年的春天，他们回到罗马，参观博物馆和教堂。玛丽读了

[1] 此处应为"总督官"，总督官的法语为"palais des Doges"，这里玛丽将"palais"误写为"papa"，中文意思为"父亲、爸爸"。——译者注

一些拉丁语的作品，上绘画课。罗马让她感到快乐，她再一次怀孕了，而且似乎重新拥有了生活的兴趣。克莱尔坐在埃斯科拉庇俄斯修道院的台阶上阅读华兹华斯的作品。雪莱正在写《颂西公爵》，他喜欢在古罗马广场遗址的月光下散步，时不时会带几个年轻的女性一起。

很快，天气热了起来，小威廉因为高温显得很疲乏。日记里提到了这件事，但这就好像是爆发出的一声尖叫，接下来的好几页都是空白的，日记停了几个月。孩子产生了痉挛，和一年前他的妹妹一样。就在他的父母准备带着他到意大利北部稍许凉快的地方度过夏天的时候，孩子死在了罗马。威廉被葬在了新教的墓地里，雪莱刚来时很喜欢那里的平和与优雅。有人说在墓地间，有一个怪物在游荡。

玛丽进入了一种麻木的状态，她与他人的通信往来似乎也结束了。同时，葛德文在伦敦给她施压。她展现出了极度的痛苦，这恰恰体现了她配不上葛德文自认为在她身上培养出来的性格。“她失去了一个孩子，还有剩下的整个宇宙，还有一切需要她善心的事物，一切都变得不重要，只因为一个三岁的孩子死了！”她的丈夫是一个可耻的人，没有信守自己在金钱上的承诺。雪莱决定不让玛丽看这些信。玛丽开始怀疑所有事情的联系。

1819 年 8 月 4 日，她重新开始写日记，那天是雪莱 27 岁的生日，她的日记由雪莱的一句诗开始：

> 这时间一直在流逝，孩子
>
> 这些时刻永远地凝结了……

她来到佛罗伦萨，因为她希望在下一次生产的时候得到一个颇有名望医生的帮助。她怀孕有 6 个月了，威廉是 6 月的时候过世的。就在那个时候，她开始写作短篇小说《玛蒂尔达》，这本书在她有生之年都没有出版。

这是一部自传性的小说，影射了三个人物：玛蒂尔达（她自己），父亲（葛德文），还有诗人伍德维尔（雪莱）。两个孩子幼年夭折证实了她的不安。就好像她想通过不停地追问过去法则的方式，来使现在变得可以理解，或者焦急地从中得出未来的法则，玛丽再次回到了她人生的戏剧中。这次，她创造新的剧本，探索其他潜在的可能性。

在《玛蒂尔达》中，玛丽再次加强了原始的抛弃这一主题，同时还加上了不伦的诱惑。就像玛丽一样，玛蒂尔达刚出生就失去了母亲。她的父亲悲痛万分，于是将她抛弃，交给了一个阿姨，自己则在接下来的 16 年里环游世界。他回来之后，一家人过着快乐的生活，直到一个年轻贵族的来访，但是这种来访很快就停止了。玛蒂尔达逼问父亲，希望他解释对年轻人这种突然和令人无法理解的敌意，他只能在溺死自己之前承认了自己对玛蒂尔达的爱。年轻的女孩感到自己被这种不道德的激情玷污了，拒绝了一个诗人对她的帮助和爱慕，从此行尸走肉般，活在孤独和忧伤之中。

自从他的父亲向她承认了充满罪恶感的欲望，强烈的光线使她的双眼模糊，玛蒂尔达从重新找回父亲时所在的那赐福的肥沃之土回到了曾经贫瘠的荒原。在一个荒芜和寒冷的宇宙中，她在羞耻中消耗自己，并且试图毁掉所有的联系和慰藉。所有与爱情有关的事都被她抵挡在外，甚至是被她自己放弃；玛蒂尔达既没有伴侣也没有孩子，只有她一个人为因为乱伦的肮脏造成的痛苦和死亡付出代价。她只有在冰冷的边际才能得到些许喘息，并将时间凝结，这是唯一能够驱赶一个危险结局的方式。

玛丽遭受着命运的打击，可是她有着令人无法理解的坚持，她重新写了这个故事，在其中加了一些新的假想和结局。她的身上正孕育着一个新的生命，她悲怆地希望通过这个来对抗魔鬼般的命运，这命运已经将三个孩子从她身边夺走。《玛蒂尔达》中表达了通过自我牺牲做到的终极保护来对抗她引起的狂怒，她还通过提及致命的诱惑和其后果来尝试理解这种狂怒。

玛丽是不是将她父亲因17岁的女儿和一个年轻贵族私奔而表现出的愤怒理解成了一种嫉妒？而且这个贵族不被自己的家庭承认，抛弃了怀孕的妻子和孩子，勾引克莱尔和芬妮，还把自己当作是理想和偶像？葛德文是否就是《玛蒂尔达》中描写的不伦的父亲？还是玛丽将自己乱伦的幻想强加在他的身上？通过《玛蒂尔达》，玛丽完成了对一个被诅咒童年的重构，它带着死亡和乱伦的印记。

《弗兰肯斯坦》对玛丽来说是一部表达请求的小说，里面的写作手法是她父亲教给她的。通过《玛蒂尔达》，她又给这种请求增添了新的内容。玛蒂尔达得到的爱不够多，因为她自小就被抛弃，但又可以说她被爱得太多，因为她具有诱惑力。小说通过对弗兰肯斯坦死亡时的环境描写展开对这个主题的叙述，也就是在冰上的融合。“不，我不应该再见他！我们命运间的联系已经断了，我们应该远离彼此……一切都应该改变！它的白昼就是我的黑夜！它的阳光灿烂就是我的冰雪冬天！让这些相反的事物把我们分开吧！”

这种分裂颠覆了维克多和怪物最终灾难性的对峙。玛丽增加了很多描述来抵御致命诱惑。整部小说都回响着弗兰肯斯坦的声音。那个不伦的父亲给自己加上了怪物的名字，堕落的大天使、魔鬼，来展示乱伦是极端可怖之事，而弗兰肯斯坦是俄狄浦斯。通过这些表达，玛丽说出了她的预感："突然，我听到楼梯上轻轻的脚步声。它停顿了一下，没有喘气，它越靠近，越把我逼到房间阴暗的角落里。这脚步声在我的门前停下，几秒钟后又开始后退，走下楼梯，之后，我什么都听不到了……不论它待在原地还是无休止地漂泊，都是无法得到拯救的鬼魂。地狱之火燃烧着它的心脏，让它无法得到片刻的安宁，我能理解这一切。可是它为什么要来我的房间？我的房间难道不是神圣的吗？"玛丽给了这个毁坏她生活的怪物另外一个名字。又是一种什么样不知名的力量促使她在小说的开篇写下这样的话："当我的生命强有力时，我很肯定地认为它亵渎神明的恐惧会让这个故事没有办法讲述，但现在，既然我死了，我玷污了这种神秘的恐怖，它曾经赋予我灵感。这就是厄里倪厄斯的森林，只有将死之人才能进入。现在，俄狄浦斯即将死去！"

玛丽几乎已经发现了，躁动不安、永远不满足的雪莱，正是被他强有力的欲望侵扰，而他自己也在纠缠这种欲望：所有这种暴政都是俄狄浦斯式的。

玛蒂尔达让玛丽有了灵感，才在她的作品里写下了更为具体的预言。在不洁的关系让她产生焦虑之后，玛蒂尔达决定避开她的父亲。一种不清晰和犹豫的感觉笼罩她的心头，她刚开始对意义的追寻时就做了个梦。她梦见自己找到了她父亲，他面色苍白，头上有着超自然的光环……他示意了她一下就离开了……她跟着他，心中充满着恐惧，直到一个伸出海面的悬崖，他一下跳进了虚无之中。

玛蒂尔达被自己的喊叫惊醒，她立刻开始打听父亲的行踪。他消失了。这次，在现实生活中，她开始了对他的追寻，直到她到达了一片沙滩，那里的渔夫打捞到了他的尸体。

几年后，玛丽即将亲身经历这想象出来的场景。她是否会在这个无名怪物夺走了所有她所爱的人之后，在作品中增加新的受害者？但是这次，是雪莱溺亡的尸体让她去到了海边……

在雪莱死后的一年，玛丽写信给她的朋友玛丽亚·吉斯伯恩说道："玛蒂尔达以一种极其精细的方式预言了即将发生的事；整体来说，这是今日所发生之事的记录。"

《玛蒂尔达》第一版在几个星期内就完成了。日记里提到了她每天都会阅读《圣经》和但丁的作品。她匆忙地写下了她即将再次给予的生命，在她身体里跳动，这是她如此希望能够保护的生命。在这种即将到来生命的神圣压力下，她被那么多次伤害过的母性到达了顶点。

在她身上，混杂着很多东西。她急切地在《玛蒂尔达》中凝聚了所有她对于生命的认识。这种认识在她在苏格兰时所做的童真的梦里、在跨越了迷信的思想里，是葛德文备感骄傲的引导，让她走向了理性的光明，在与一些杰出诗人的交往中，还有所有思想激荡的圈子里，在她阅读的非常有文化的女性的作品中。而最重要的，是在所有经历在她身上深深刻画的印记里。

一直追寻着意义的玛丽在几个月的沉默和服丧之后，在雪莱生日的那一天发出了新的呐喊，这声呼喊包含了一个非常宝贵的认知：如果说一个对于人类的诅咒，它甚至切断了生命的流动，将其颠覆，散播灾难和死亡，这个诅咒的名字就是俄狄浦斯。

为了让玛丽和雪莱的命运拥有古典悲剧的色彩，那就像是《俄狄浦斯王》，英文是 *Œdipus Tyrannus*。在小克莱拉死的时候，雪莱将这个故事读给他的妻子听。那天，他开始写作《解放了的普罗米修斯》。他和玛丽一起读《俄狄浦斯王》，埃斯库罗斯和索福克勒斯的悲剧被他们用作理解自身悲剧的工具。玛丽的每次阅读，像《俄狄浦斯王》，都在她身上留下了暗暗的印记，这些印记将成为她未来写作新内容的源泉。有一天，她发现自己新生的孩子死在了摇篮里。而克莱拉在一家不知名的旅店里，死在自己怀中。在罗马，她把小威廉留在了一片有树荫的墓地里。什么样的印记让她写出了序言里可怕的句子？“城市在地球的种子里腐烂，在畜群中腐烂，在母亲的肚子里腐烂。”那对自己命运毫无知觉的国王因为自己无知的错误强加给底比斯以贫瘠，这故事在玛丽心中激起了无数模糊和不成形的问题。

《普罗米修斯》是一部人类的宏大悲剧，反抗人类自己的限制。这部悲剧在宇宙的场景中，安排了人类和诸神之间的对抗。而《俄狄浦斯王》则是一部较为私密的悲剧，是家庭中的故事，简化为宫殿中的台阶和内心的看法。前者呼唤宇宙的律法、基本的力量和受控制的火。后者，则呼喊一种幽暗的探索和控制着我们的火。雪莱选择了普罗米修斯作为充满激情的楷模，作为自己身份的认同，而玛丽则偏爱俄狄浦斯，因为她更熟悉他内心的那种活力。普罗米修斯，是宇宙，是外界；俄狄浦斯，是同住的一家人，是内部。

克莱拉死后，在将两人长久分离的沉默之中，产生了某种类似一段上古时期男人与女人之间的对话，就像第一场关于知识和认识的辩论：普罗米修斯，雪莱高傲地宣称。俄狄浦斯，玛丽谦卑地回应他，以玛蒂尔达那种试图避讳厄运的笨拙的措辞。

弗兰肯斯坦的笑

佛罗伦萨的秋天在宫殿的侧面沉积下它的赭石色，玛丽的孩子马上就要降生了。雪莱在玛丽的身边继续阅读古希腊悲剧故事。她自己也在《解放了的普罗米修斯》被送到伦敦之前，抄写了这部作品。

对雪莱来说，没有一部作品比这部更让他困扰。一般来说，他写作的速度是很快的，但是为了完成这部作品的写作，他花了16个月的时间。他对此是野心勃勃的，很少有能够像古希腊英雄那样激励他的主题，他们通过科学与艺术的唤醒不屈服于人类的处境，自从掌握了对火的运用，他们再也不是野兽了。

雪莱首先是将埃斯库罗斯的《普罗米修斯》翻译成了英文，接着他想通过想象来补写这位希腊诗人写的三部曲中丢失的那部分，即《解放了的普罗米修斯》。他通过学习神话与埃斯库罗斯式的象征主义来书写革命和人类道德重生的主题，这些主题在他之前的叙事诗中就有所体现。

但是这位古希腊大师给他上了实用的一课[1]：普罗米修斯这个自视甚高的英雄也必须要屈服。接着，宙斯学会了控制他的愤怒，从

[1] Voir à ce propos l’introduction de Louis Cazamian au *Prométhée délivré* de P. B. Shelley, Aubier-Flammarion, 1968.

这两种进步中产生了理解与和平。普罗米修斯再次被认为是诸多令人敬畏的神之一，人类对他的崇拜肯定了他是一个好人。可是雪莱完全不希望英雄和他的敌人和解。朱庇特的措辞，父亲、国王，绝对的恶，让他感到完全无法理解。一个代表了绝对的恶，而另一个则是绝对的善。他对爱情最终胜利的执念通过朱庇特的衰落来实现。而朱庇特的衰落，就是黄金时代的到来。

“忍受一切‘希望’认为是无尽的折磨；宽恕比黑夜和死亡更加黑暗的罪恶；挑战看似全能的权力；爱，忍受；希望，直到希望在灾难中实现它的梦想，不要改变，不要犹豫，不要后悔；这是你的荣耀，提坦[1]，要善良、伟大、幸福、美丽和自由；这就是生命、快乐、帝国和胜利。”

这是《解放了的普罗米修斯》的最后几行诗。这里面有种点燃内心的东西。玛丽在抄写这些因爱与理想充满激情的诗行之际，她的心脏不停地跳动着。在她的身体里，另一个小生命的心脏也在温柔地跳动着。

有一次，雪莱在佛罗伦萨独自散步时，发现一家英国书店里的《季刊》杂志上，刊登了对他的作品《伊斯兰的抗争》的严厉批判。这篇文章的作者认识雪莱，因为他是雪莱在伊顿公学的同学，文章里还用了雪莱奇怪的行为作为参照，例如他被逐出牛津大学以及他和葛德文的关系。

“雪莱先生废除了我们的法律，”这个带有报复心的记者这样写

[1] 又译为泰坦，是希腊神话中曾统治世界的古老的神族。

道，“于是，这让犯罪和不法行为都终止了。他取消了所有权，那么自然，从那个时候开始，就没有了对所有权的侵犯，没有了穷人与富人之间的憎恨，没有了受争议的遗嘱，也没有了引起争端的遗产……他要取消宪法，届时就不会有昂贵的法庭，没有了补助金，也没有了闲差……没有军队，没有海员；他拆毁了我们的教堂，夷平了现有的秩序，烧毁了我们的《圣经》……他不能承受婚姻，那么之后很快通奸的关系在我们之间会减少，但是，提到反对乱伦的神圣律法时，他将其认为是一种纯洁，烘托出了我们兄弟姐妹们此刻感受到的荣耀感……最后，作为整体计划的一个前提，他希望看到我们放弃自己的宗教信仰。这至少是可以被理解的。但是在那片巨大的废墟之上，要描述在雪莱先生所创建的内容基础上的结构并非如此自在。他说，爱是掌控道德世界唯一的法则。但‘爱’这个词有很多种含义，当说到这种他现在想让我们感受的爱时，我们却迷失了。我们抗拒从它最底层的意思来理解，虽然我们到最后还是认为，这是诠释它最正确的方法。但至少这是很清楚的，雪莱先生在这里说的也不是它最高级的含义：他说的不是这种爱，它并不是法律的完善，也不伴随着命令，因为他尝试抹去十诫和其他所有的法则……”

接着，这个记者就好像被某种突然的预兆激发了灵感，有了下面这样令人惊讶的印象：“……就像古代的埃及人，搬运车的轮子坏了，强有力的水流在他背后冲击着，面前是一片永远非常深邃的海洋。在短短的一瞬间，我们可以看到他对一种不可抗拒力量无果的斗争，听到他渎神的诅咒和他的绝望，以及平庸地带着胜利与挑战的声音，他呼喊着其他跟着他的人，在这溃败中行走。最后，在深渊中，胜利的声音渐渐淡去，他被人们遗忘。这就是雪莱的今天，也就是他的明天。”

多么奇怪的事！雪莱的身上有某种东西，让认识他的人的思维中涌现一些被淹没的幻想。但这位作者做了更多：他借用了《圣经》里淹没的意象，这些意象正是威胁着那些没有接收到人类间关系法则的人。

“这并不简单”，《季刊》恶毒地总结道，“对于那些仅仅是读者的人来说，他们很难理解这个人身上有着怎样的高傲、冰冷的自我主义和可耻的残忍，这些竟可以与博爱的法则共存，这是没有原则的爱。”这篇文章的作者约翰·泰勒·克莱瑞琪应该成为威斯敏斯特法庭的法官。他代表着一切雪莱憎恨的东西。

在佛罗伦萨这个拥挤的、经常被英国移民光顾的书店，一个年轻的驼背高个男人爆发出了讥讽的笑声，从楼梯上跑下来，全身痉挛般地抽搐着。[1]

雪莱爆发出了弗兰肯斯坦的笑声。他的普罗米修斯与他诉说着一种积极而高傲的思想，就是将人类从千年的囚禁之中解放出来。普罗米修斯式的抗争让人类跨过自然法则的桎梏。在这个由人类亲手征服和转化的星球上，他们变得平和，最终有了一个友爱的社会。

关于自然律法，《解放了的普罗米修斯》提出了在当时看来非常大胆的假设。关于他自己的法则，雪莱什么都没有说。历史的进程，

[1] 根据一位目击者所言，参见 Medwin, *The Life of Percy Shelley*, p.226。

大宇宙的发展，这是雪莱的领域；小宇宙则是玛丽的。很长一段时间，普罗米修斯在他们两人之间。《现代普罗米修斯》不就是《弗兰肯斯坦》的副标题吗？拜伦在1816年夏天写了一首赞美提坦的诗。这个英勇英雄上帝的出现与迪奥达蒂花园别墅里的年轻人们混在一起，他们过于陶醉，以至于无法辨别清楚求知欲和单纯的欲望。

但是玛丽在开始写《弗兰肯斯坦》的时候预感到了什么，才让她笔下的维克多如此不像普罗米修斯？对于自己的发现满怀恐惧地逃开，这显然不是一个传说中的英雄该有的高尚的行为。维克多藐视了自然中关于生育的法则，即生育孩子需要两个不同性别的人的结合，这是为了满足他对理解的渴望，但是这从哪个原始的秘密而来？这又是为了回答哪个问题？

通过她的小说，玛丽强调了一个生物不会成为另一个生物强烈求知欲的对象，这种对科学的爱只会产生毁灭与绝望。对知识的追求并不危险，危险的是将知识与真相混淆。危险的是在人世间，为了节省精力，从人类的经验而非实验中学习只能在他人身上学到的事情。这就是肚子里的孩子与她说的话。

通过《玛蒂尔达》，玛丽继续与雪莱对话，她要给普罗米修斯一个回应，自迪奥达蒂花园别墅里那段困扰的时光开始，她就在试图构建这个回应。那段时间，他们代表着祖祖辈辈以来的男人与女人之间的对抗。他们之间的误解，是关于爱情最根本的误解。

小比希·弗洛伦斯在1819年12月12日出生，玛丽重拾了对生活的兴趣。雪莱又开始感到肋部的疼痛，如同每次他的孩子降生之际会发生的那样，葛德文又开始要钱了。在克莱尔的护送下，这对年轻的夫妇来到比萨，相比于佛罗伦萨的冬天，这里更加温和。除了夏天他们会去里窝那或者圣朱利亚诺的海滩边，这个城市就成了他们近两年的住所。玛丽和雪莱已经好久没有过这种稳定的生活了。这么多年的孤独之后，他们在短时间内就成了一个活跃圈子的中心，既有意大利人也有英国人：一部分由一小群住在比萨的英国人组成，另一部分，是当地最有活力的知识分子。

他们中有位帕基尼亚老师，之前在学校教授逻辑学、形而上学、数学和理论物理学，后来被学校的领导辞退。但是他在比萨的咖啡馆和沙龙里仍然吸引了一众热情的听众来听他讲课。人们称他为"比萨的恶魔"，而雪莱非常喜欢他怪诞和夸张的行为，认为他"比狂人更疯"。是他给三人组讲述了美丽的艾米莉亚·薇薇安妮被囚禁的故事，她是一个年轻的贵族，因为受到继母的忌妒，被关在了一家可怕的修道院里。

一只被关在笼子里的鸟？雪莱匆忙地赶去。这个小女伯爵抬起她纯真的脸庞，看着这个因为自己悲惨命运而愤怒的英国年轻人。她的美丽是如此的动人，这是雪莱根本无法抗拒的东西。艾米莉亚的脸庞是一个完美的椭圆形，她缪斯般的棕色头发圈在脸庞边。再一次，女神可以化为肉身，雪莱的心因为对压抑的厌恶而骄傲起来。

艾米莉亚给予雪莱灵感，让他写出了非常美丽的诗篇，克莱尔给她上英语课，玛丽送给她一些小礼物来缓解她的痛苦，并且让她学希腊语。雪莱为她写下了长篇自传诗歌《心之灵》，清楚地献给"高贵而不幸的艾米莉亚小姐……"，而后者在月光下尝试着书写作品《真正的爱情》。再一次，他们成了兄弟姐妹，完美的女伯爵写信给玛丽："我觉得您很冷漠，有几次，让我有点担心；但我知道您的丈夫说得对，您表面的冷漠不过是燃烧的内心的一种掩饰……"

一段时间之后，这位美丽的女伯爵与一位富有的勋爵结婚了，她的生活过得非常艰难，整个托斯卡纳都在讨论这件事。雪莱也陷入了同样的绝望之中，如同他的诗和启发者。它们只能短时间地分散他的注意力，他遭受着几乎不停歇的眼部疼痛、肾绞痛和各种类型痉挛的困扰。

1820 年 9 月，拜伦收到一封从威尼斯来的信，那是接纳小阿列格莱的 R.B. 霍普纳领事写的。他听到了一些关于雪莱一家人的非常羞耻的事，他认为必须和拜伦说，以保证拜伦能永远不把小阿列格莱还给她的母亲。他是从艾丽斯那里听到了一些话的。艾丽斯是雪莱到日内瓦时雇的女佣人，一直工作到他们在那不勒斯生活的时候，在那里，她嫁给了另一个佣人，雪莱也把他雇回了家。

艾丽斯说，在那不勒斯的时候，雪莱把一个刚出生没几个小时的女孩放到了捡来的孩子堆里。这个女孩是他和克莱尔的孩子。艾丽斯还说了克莱尔对玛丽的怨恨，而当时认为自己妹妹生病的玛丽疏远她，并且全然没有察觉这件事。

拜伦表示收到了来信，但没有做出任何评论。当雪莱到拉文纳拜访他的时候，他将这些不绝于耳的噪声告诉了雪莱。雪莱立刻写信给玛丽，她非常愤怒，写信给霍普纳夫人维护自己丈夫的声誉，并且揭露这是恶意中伤。玛丽把这封信交给了拜伦，他应该要把这封信转交的，但是这封信在他死后的信堆中被发现。因为霍普纳跟拜伦请求让他不要告诉玛丽这些事，他这样做只是为了维持自己生活的平静而已。

这整件事在他们居住在那不勒斯期间发生，也就是 1818 年的冬天，这段时间对雪莱一家人来说是非常痛苦难熬的。夫妻两人因为小克莱拉的死备受打击，沉浸在无尽的苦涩之中。克莱尔经常生病。雪莱为了让每个人都能从孤独中走出来，努力地组织了一些游览活动。他们去看了赫库兰尼姆古城、庞贝古城、女预言家岩洞和维吉尔墓地。在维苏威的时候，他们的状况变得不太好。玛丽非常疲惫，克莱尔在夜幕降临的时候被她的导游抛弃了。她没有办法让母骡拉着她上去，必须要让一个男人背她上去。雪莱肋部的疼痛一直没有停过，他的幻觉出现得越来越频繁。

有一天，他透过自己的窗户看到了维苏威火山的一缕烟变成了炽热的白光，整个火山都在燃烧。他身体里撕裂般的疼痛被当地的一位医生诊断为肝病。一切的迹象都表现出他正在经历深深的危机。他给霍格、皮考克还有伦敦朋友们写的信中表现出了一种绝望，而且前所未有地表达了自己对家乡的思念。1818 年 12 月，他写下了一些绝望的诗节。但是没有什么能够解释这种消沉，从玛丽、克莱尔和陪伴他的佣人那里也找不到原因。

玛丽的日记里很沉默，只提到了日常的阅读和参观。只有在 20 年之后她的信件中，才提到了雪莱当时深深的绝望。第一个声明是雪莱自己在 18 月之后做出的，在一封寄给吉斯伯恩家人的信中体现出来，他们是这对夫妇的忠实好友。

这是一份很私密且有暗示的信："我在那不勒斯的'负担'已经死了"，"我觉得这入侵性的、影响着与我有关一切的氛围正在毁灭着我。”信中接着写道，他之前的佣人保罗·弗及在那不勒斯那种情况下占尽了便宜，“对他进行勒索，骗他的钱还四处传播关于他的谣言”。

“那不勒斯那种情况”或者“那不勒斯的‘负担’”或许指的就是那个不合法的孩子，他自认为对她有一定的责任。保罗·弗及应该是对自己施加给主人的威胁感到很确信，所以他在1820年末的最后几个月雇了一个律师来对抗雪莱。很多不同的官方文件表明，雪莱在那不勒斯亲自承认了这个小女孩的出生，并且认定自己是父亲。

第一份官方文件是1819年2月27日签署的出生登记证明。这份文件证明了珀西·B.雪莱的女儿，爱莲娜·阿德莱德·雪莱于1818年12月27日7点在基艾亚滨海路250号出生。这个地址就是当时玛丽、雪莱、克莱尔还有两位佣人艾丽斯和米莉居住的地方。这份文件由雪莱签字，还有另外两位见证人，但是没有写玛丽的名字，而是“Maria Padurin”，或许这是“玛丽·葛德文”在意大利语中的变体。雪莱正确地写了自己的年龄和地址，但是他将玛丽的年龄写错了，当时的玛丽是21岁，他错写成了27岁。这应该是雪莱的笔误：唯一一个27岁的人只有艾丽斯，那个佣人。

第二份文件是受洗的证明，证明了孩子在1819年2月27日受洗。那天，玛丽的日记里只简单地提到“行李”。也是那天晚上，他们离开那不勒斯去了罗马。

到底发生了什么？有一些传记作家认为雪莱是想试着通过收养一个孩子来缓解玛丽失去克莱拉的痛苦。但是后来他们如此轻易地抛弃了这个孩子，从情感的角度上来说是不太可信的，不管是从雪莱还是玛丽的角度出发，都使这整个假设变得很荒谬。雪莱虽然疯狂，但也不会这样。而且这个假设完全没有解释为什么保罗·弗及对他自己能够勒索到钱如此有把握。

克莱尔是不是小爱莲娜的母亲呢？但如果是这样，就必须要承认玛丽和他们在威尼斯遇到的朋友一样，在埃斯泰的时候，对一个怀孕7个月的人视而不见。还要承认克莱尔在如此可怜地被夺走阿列格莱之后又抛弃了一个雪莱的孩子。可是克莱尔在18个月后小女孩的死亡之际并没有表现出任何的忧伤，反而是雪莱很难过。

那么只剩下艾丽斯了。这个年轻的女佣在那不勒斯时怀孕了，玛丽看到后，坚定地鼓励她与保罗结婚，后来她也是这么做的。但是保罗不能做爱莲娜的父亲：他与艾丽斯相识不过三个月的时间。后来，一个假设被坚实地建立起来，就是这个孩子是雪莱与女佣所生。[1] 之后的故事就很容易重现了。这个秘密被隐瞒，为的是不让玛丽和克莱尔发现。艾丽斯很唐突地与保罗结婚，离开了雪莱家，继而离开了那不勒斯，把自己的小女儿留在了养父母家，然后孩子就因为牙齿发炎引起的发热死亡……保罗首先收到雪莱作为封口费的钱，他还能因此见一面自己的女儿，孩子死后，他就开始威胁雪莱。而雪莱可能是希望通过官方承认孩子的降生，让他有一天能够把孩子接回身边。

维苏威火山喷发了，这或许是他内心一种非常诚实的表现，表现了他受到的折磨、遭遇的绝境和体会到的恐惧。有些人还提出了

[1] Richard Holmes, *Shelley. The Pursuit*, Penguin, 1976.

另一种假设，认为在同一时间，克莱尔也怀了他的孩子。他们在威尼斯和埃斯泰非常亲密，他们在那里度过了一段没有玛丽的时光。克莱尔在埃斯泰的身体问题可能是她尝试让自己流产导致的，而在那不勒斯的病其实是她怀孕 4 个月时小产了。“克莱尔不太好”，玛丽在 1818 年 12 月 27 日的日记里提到，这天是爱莲娜出生的日子。

或许是雪莱在那不勒斯重蹈覆辙，之前他与两个女人，哈丽特和玛丽同时有关系，也就是小查尔斯和早产的女儿出生的时候。在伦敦，雪莱失去了做父亲的权利，艾恩瑟和查尔斯被寄养在别人家中，他在那不勒斯再次陷入爱的困境，写下了狂野和咆哮的诗节。

从伦敦传来的新闻令人惊醒。穷人与富人之间的关系越来越紧张，英国似乎已经在内战的边缘。在自由主义的圈子里，人们担心出现由惠灵顿领导的激进政府。雪莱因此得以从自己的困境和内心的挣扎中短暂地转移注意力。他重新找到了那种社会不公正在他身上激起的狂热。但是他振聋发聩的诗歌中却常常出现未出生的尸体和夭折的自由。

另外一个表达他在那不勒斯内心挣扎的更为具体的迹象在他的剧本《颂西公爵》中，这部作品是几个月后在罗马写成的。这部作品中非常著名的一幕，是邪恶的公爵在一场宴会上讲述了他两个儿子的死，他的妻子、女儿，一些名人和他的同辈都被邀请到场。他在讲这件事的时候，就好像是在宣布一个好消息，甚至还邀请大家干杯。人们因为困惑和恐惧散场。让整个场景更加病态和古怪的是，这两兄弟是在同一晚上死亡的。“两个人在同一晚上的同一时刻死亡；这表现了老天爷对我特别的照顾。我邀请我真正的朋友们一起庆祝这个如节日般的日子。那天是12月27日：如果你们不相信的话可以读读那些信。”

12月27日[1]……又一个孩子的鬼魂，这两个孩子将会在雪莱备受煎熬的夜里阴魂不散。他们离开了那不勒斯，玛丽已经怀了比希，迷人的小威廉在自己身边聚集了很多小伙伴，这种过分的煎熬刚刚挖下深坑。

摆脱所有不同

一些家庭以典型的方式陷入厄运，这厄运在一代又一代人身上重演。这是希腊式悲剧的主题，就像拉卜达西德或是阿特雷德的故事。闻所未闻的知识，更新了分析的经验。有些故事比其他故事更具有可读性。例如，复仇、谋杀，这些元素重构了人类最基本又荒诞的方程式：一不等于零，没有一个可以被取消。

也就是这样，阿伽门农牺牲了伊菲革涅亚。克吕泰涅斯特拉让人杀了阿伽门农，俄瑞斯忒斯杀了克吕泰涅斯特拉。厄勒克特拉呢？她为了复仇牺牲了自己，她通过自身的存在，生动地表现了一个没有接受相应惩罚的错误。阿特雷德的故事接近于一个简单的族间复仇，人类操纵的手是如此的明显，以至于如果这些事件引发了恐惧，至少它们是可以被理解的。可是比这更可怕的故事是人生的路被一只看不见的手阻断。一连串的自杀、孩子的死亡、谎称事故而发生的死亡充满了这些故事，并且给它们一种被诅咒的特点。这就像激

[1] 小麦莲娜·阿德莱德登记出生的日子。

烈的厄运从中而来，没有任何外部的原因能够让人补救那样可怕。简单地说，生命似乎已经快要崩塌了。

玛丽与雪莱的故事就属于这种。雪莱这个无神论者差一点就将自己的命运交与一双肢解他生命的恶魔的手。他一首接一首的诗中，都展现出了一个通过爱与理性将自己从桎梏中解放出来的人的视野，然而他自己的生活却因为他的爱情遭受了一次又一次地毁灭。这个故事似乎是为他量身定制的，可是他却没能够掌握自己故事的纽带。他的目光投向理论下游，遥远且无法触及，就像是在回避熟悉的上游，那个他伸手可及的地方。影响着相异性关系的复杂法律对他来说是无法理解的，因为可怜的人类的现实、欲望、嫉妒、憎恨威胁着他无法割舍的理想……最后造成了他自己欲望的不稳定性。

雪莱过于天真和纯洁，他无法相信，人可以在没有爱的情况下产生欲望。在这一点上，拜伦的恬不知耻让他感到恐惧。但是拜伦却谦卑地承担着这人类的处境。或许他让伦敦贵族中的一两个明星变得疯狂，因为她们被他迷住了……但毕竟，没有一个人因此感到备受折磨。“劫持”，在写给 R.B. 霍普纳的信中，他用无法模仿的顿挫风格写道，这是关于一个姗姗来迟的“事件”的评论：“我想知道是谁被劫持了——要不然就是可怜的我自己。自特洛伊战争以来，就没有人像我这样被劫持过了。”[1]爱情，对拜伦来说不过是男女之间的事，与从压抑中被解放出来没有什么必然的联系。爱情可以是不可

[1] 1819 年 10 月 29 日写给 R.B. 霍普纳的信。

压抑的，也可以是毁灭性的，但这绝不是一句政治口号。

可是玛丽则相反，她在最细微的事中寻找，在上游寻找。作为一个杰出的观察者，她把观察到的重复、预兆保存起来，尽管战栗着，但这却能够让她找到对过去的诠释。她从来没有向超自然低过头。她青少年时期对想要了解这个世界构成的热情渐渐地变成了一种对自己生命之谜不懈的追问。这并不代表她感兴趣的领域在缩小，反而是一种深入。她处在一个时代的边缘，这个时代的特点是在苍穹之上，神圣的禁令正在消失。知识，是对抗蒙昧主义树立起的理性。但这也是展现思想力量的机会，因为上帝的席位开始空缺。

制定法律的人不再是上帝，而玛丽含糊地与弗兰肯斯坦一起祈祷，希望制定法律的永远不是科学。她的女性特质告诉她，法律是另一种秩序，当生命面对区分化的考验时，它会自我引导。这是她在《玛蒂尔德》中所表达的她所知的事情。

就像给人们在不同的性别与年代的横纵坐标中定位的一种视角，生命轨迹的发展就像一条河，时而平静，时而激荡。但是，如果这种视角截取或是败坏了同一性，流动的水就会停止行迹，镜子变成了冰，只照得出遗憾与永恒的孤独。

玛丽写的一部分经历，无法在日记中体现，因为日记是她储存有意识知识的容器。另外一种认知，无法跨越心理的禁令——玛丽不能表现出嫉妒、攻击性或是憎恨，在小说中构成了不可辩驳真相的核心，隐藏在合理化的美名之下。这个真相，她说了出来，就像所有后世她不认识的作家那样，并没有意识到这些话揭示了没有上帝的男女关系，屈从于一种相互又有破坏性的依赖。

雪莱的博爱理论是否那样的宽泛，能够更好地隐藏一个特殊的目标，一个雪莱在一个又一个女人身上寻找的、没有了任何回应的目标。他对友爱的那种热情，更多是姐妹间的友爱，难道不是对一个永远失去了的时期的遥远回应？在那个时期里，他掌控着周围所有人。

艾米莉亚·薇薇安妮原是一颗闪耀的星，但被归入了粗俗女人的行列，另一个人开始出现在他的视线中。她的名字叫简，是迷人的爱德华·威廉姆斯的伴侣。他把她从西印度带了回来，因为她在那里被恶毒的丈夫虐待。一开始，雪莱与她在比萨见面的时候，他并不认为这是个有意思的人。但是她棕色卷曲的长发和她曾经邪恶的丈夫很快就吸引了他的注意，这两对年轻的夫妇因此变得难舍难分。

拜伦在比萨的时候住在兰弗兰基宫，那里大得可以容下一批驻军，住着很多有名无实的人和拜伦的崇拜者。他和圭乔利伯爵夫人在那里愉快地生活，她从威尼斯就开始成了他的情妇。在他们的关系刚开始之际，他写道："圭乔利伯爵下周会到威尼斯来，我被要求把他的妻子还给他——和他的衣服一起……现在开始，我是道德的支持者——并且今后，会严格地控制自己远离偷情。"[1]但是这个年轻的女人非但没有被"送回去"，反而还优雅地控制了一批穿制服的佣人、奢华的马车队以及拜伦的动物园。拜伦给关注他的目光带来了他们期待的传说。但是在与这位伯爵夫人在橘树的阴影下散步、外出骑马、打台球、打手枪之后，他开始在他的地窖里整夜地写作，他的

[1] 1819年10月29日写给R.B.霍普纳的信。

作品里丧失了所有的奉承。在那一天，他写了诙谐的史诗巨著《唐璜》。伯爵夫人经常和玛丽一起坐车出门，晚上，她会在雪莱一家公寓所在的特雷宫殿听雪莱诵诗。

职业冒险家特里劳尼在爱德华·威廉姆斯的多次催促下终于加入了他们的团队。这个非常有性格的苏格兰人能够做任何事，但是却被精灵般的雪莱身上的力量深深吸引。“嘿！”有一天拜伦与他说，“您被蛇迷惑住了。在我眼里您是一个属于世界的人。他们把您变成了弗兰肯斯坦。”

确实，这两位诗人之间的关系很紧张。拜伦总是不停地评价雪莱。虽然在迪奥达蒂的时候，他被雪莱激怒过，并且在心里笑话他的博爱主义，但是他尊重雪莱的勇气，喜欢看他在自己的小船上抵抗阿诺河的水流，就好像他不懈地用自己脆弱的躯体对抗世界上的所有旋涡。可是雪莱同时又是一种活着的评判标准，他能够区分善与恶。拜伦可以接受这种证明的存在，但是他不能接受其被理论化。

他们两人的感知存在一种非常本质的区别，也许这和他们与女人的关系不同有关。拜伦从来不会认为女人是神一般的存在，也不认为爱情是不朽的。或许是他要实现一种在人间的报复。他不认为人可以不受折磨地去爱，并且赞成人的痛苦，也用同样的顺从和谦卑同意他所施加给别人的痛苦。而雪莱却无法停止避免自己身上涌现的矛盾的洪流，在他产生欲望的时候谈论美德。拜伦因为恬不知耻惹怒了雪莱，雪莱因为想尽善尽美惹怒了拜伦。他们之间有一个阿列格莱。

拜伦在威尼斯的时候并没有把孩子带在身边，而是把孩子安置在拉韦纳附近的巴尼亚卡瓦洛修道院。或许是因为这个孩子给他的生活造成了很多麻烦，或许是因为考虑到孩子的安全，因为他的挑衅和政治活动会引起不少冲突，或许是因为他通过挑衅孩子的妈妈获得了一种邪恶的快感。那里的修女们会让她变成一个天主教徒，之后，拜伦就会把她嫁给一个老实的意大利人。这是他为孩子选择的未来，同时也是为了克服他所处的三重困境：非婚生子、无神论和与克莱尔的丑闻。克莱尔快疯了，因为她听说巴尼亚卡瓦洛的环境很不健康，修道院建在沼泽地中，卫生条件不明，这个古老的建筑甚至都没有供暖系统。她请求拜伦把阿列格莱托付给一个体面的家庭，并保证如果他要求，自己可以永远也不去见他。一种无法解释的内心感觉跟她说，她可能再也见不到阿列格莱了。

在拉韦纳，小女孩渐渐长大，失去了之前的活力。她在等着她父亲的来访，而去看她的人是雪莱。她学了很多祷词，祈求丝绸和黄金做的衣服，还有见到她的父母。“她想见我”，拜伦抱怨道，“因为现在是集会，我猜她想要一些父母给的钱。”他对于小女孩所表现出来的不信任，就好像他对其他女人的态度一样。

他应该要带着孩子去比萨，但是他没有这样做。绝望的克莱尔又开始抱怨了。她指责拜伦，诋毁修道院，担心她的女儿会是一个目不识丁又无知的人，注定要接受劣等的教育，最后变得没有头脑，不会保护自己。她的信里表达了希望女儿能有更自由的命运的要求，就像自己一样。可是拜伦既不能忍受别人的威胁也不能忍受斥责。阿列格莱在修道院的事已经成了他们之间的原则问题。怀念在威尼斯与父亲一起的生活和早年在母亲身边日子的小女孩，已经变为了一种意识形态的工具。

雪莱再一次介入其中。拜伦的态度非常强硬，面对他，雪莱努力克制自己想打他的冲动。

这个时候雪莱一家人与威廉姆斯一家一起度过了一段时光。玛丽和简一起出门，简迷人的声线美化了夜晚的时光，她把《玛蒂尔德》读给爱德华听。1812 年 8 月 4 日，玛丽在日记里写道："一整天都和威廉姆斯一家人在一起，我读了《荷马史诗》……威廉姆斯用细密画给我作了肖像。今天是雪莱的生日。7 年过去了。发生了这么多的变化……现在，一切都看似平静，但是谁知道什么样的暴风雨……我不能预言厄运。我们已经遭受了很多了。"谁知道什么样的暴风雨……从那之后的几个月，这个小团体间的对话被一个主题所垄断。耐心等待了很久之后，雪莱在热那亚定的那艘优雅帆船终于到了。

12 月，拜伦收到编辑莫雷的来信，告知可怜的波里道利的死讯。他非常伤心，那一天，他都没有去练习手枪射击。"当他还是我的医生时，"拜伦无不忧伤地回忆起来，"他一直说氢氰酸，还制造毒药。"这个年轻的医生在伦敦中毒身亡，迪奥达蒂的吸血鬼与他重聚了。

▶▷ 《最后的人》

1822 年 4 月 23 日，威廉姆斯一家和克莱尔离开比萨去了拉斯佩齐亚海湾，他们要去那里找一个房子度过夏天。几天后，他们无功而返，在莱里奇，他们发现了一座被遗弃的渔民的屋子，它的外壁破烂不堪，被海水侵蚀，但是房子的质朴却深深地触动了他们。回到比萨时，他们发现雪莱面色苍白、精神憔悴。他急促地请求威廉姆斯出发。他刚刚从拜伦那里得知阿列格莱死在了巴尼亚卡瓦洛修道院。这个被遗弃的女孩没有得到精心的照顾，结果染上了斑疹伤寒。雪莱立刻决定要离开比萨去莱里奇。特里劳尼租了一辆车，带着玛丽、克莱尔和小珀西上路了。雪莱和威廉姆斯一家人坐船与他们会合。克莱尔一直不知道女儿的死讯。

最终，他们在 30 日租下了卡萨马尼。因为它过于靠近海，人们都不认为这是一个住所，只是一个寄放行李的地方。那时有非常多的困难，雪莱凭借自己性格的力量将它们全部克服，他也因此证明了，当外部世界和他自己的想法有冲突时，他有克服任何困难的力量。这个房子只能通过海路到达，而他们要把在比萨的家具运过来。威廉姆斯一家也会过来，因为他们在莱里奇没有找到任何住所，雪莱给他们腾出了一块能住的地方，安置他们的孩子和佣人。

一天早上，克莱尔出人意料的到来中断了威廉姆斯和雪莱的对话。她在门口停了一会，呻吟道："阿列格莱死了！"之后再也没有人说话。雪莱觉得她很快就会疯了。

拜伦写信给在伦敦的莫雷："我希望她能被埋葬在哈罗教堂——并且在墙上放一块牌子，写上：纪念阿列格莱，乔治·戈登·拜伦勋爵之女，死于意大利巴尼亚卡瓦洛，1822 年 4 月 20 日，享年 5 岁 3 个月。'我会走向她，可是她再也不会来找我'（塞缪尔）。暂时不需要加别的内容。"[1]

[1] 1822 年 5 月 26 日写给约翰·莫雷的信。

小女孩是死于巴尼亚卡瓦洛沼泽地的有害疫气。两年之后，拜伦一天天地“走向阿列格莱”，最终因发烧也死于迈索隆吉翁湿地。[1]

在卡萨马尼的露台上，玛丽正在乘凉。她再一次怀孕了，这里美丽的自然环境依然没有办法缓解她的焦虑：粗野的当地人，远离城市，远离医生。一条长达一公里的小路让他们与村庄隔绝。他们所处的地方僻远且野蛮。她没法摆脱自己等待孩子的压抑情绪和不可名状的焦虑。日记的内容很简要。似乎只有和雪莱一起出海之后，她才能找到一些内心的平静，她把头靠在雪莱的膝盖上，闭上双眼，任由海风轻拂面颊，享受两人在一起的时光。两个人蜷缩在一起，被海浪包围着，感受着那柔和的脆弱，这是在他们悄悄离开多佛尔时就刻在身上的印记。

但是雪莱经常一个人去森林或者一个人出海，给简写了非常多的小夜曲。在日常生活中，他们在家会有一些令人疲惫的争吵。生活的混乱耗尽了每个人的耐心。玛丽感觉自己处在一个备受诱惑的监狱中。还有，这里太靠近海了。简的歌声并不能驱散他们每个夜晚的担心和焦虑。

有一个晚上，雪莱和威廉姆斯一起在小港上欣赏月光。雪莱突然抓住了威廉姆斯的手臂，跳了起来。“他又来了，他在这里！”失去理智的雪莱看到了一个双手合十的孩子从海中升起，而月光只照亮了安静的港湾。孩子仍然是以祈求的姿态出现，之后就再次消失在了海浪中。所有失去的孩子，那个还没来得及受洗的小女孩，克

[1] 阿列格莱死于1822年4月20日，拜伦死于1824年4月19日。

莱拉、威廉、阿列格莱、艾瑟恩和查尔斯，这两个被他和哈里特遗弃给陌生人的孩子，全都聚集在了一个白色的天使般的形象中，这个形象已经在他的作品中出现了很多次：那个站在船头的、忧心忡忡的孩子，船在一条未名河上，孩子的面孔很清晰。

5月的一天，从韦内雷港驶来一艘双帆的帆船，这让两个男人急忙跑到沙滩上。那个时候的天气很险恶，帆船以极快的速度到达莱里奇港口。威廉姆斯和雪莱再也不能抑制他们的喜悦。这就是“唐璜”，雪莱在热那亚定的船，他已经等待良久了。他们终于可以过一个完美的夏天了。

可是这艘帆船有着和它主人一样的特点，令人着迷、精致却很脆弱。特里劳尼为此感到担忧，让人重新做了索具，重装了船尾，调整了主桅杆。他对于雪莱拒绝重新组装或是在他正在握着舵柄的时候读诗，感到不满。雪莱因为拜伦不顾他的意见在船上留下“唐璜”的名字而感到不愉快，因为他对此感到恐惧……在阿列格莱死后，他对任何能让他想起拜伦的事情都感到厌恶。他愤怒地坚持要擦掉这个让人无法忍受的名字。他和威廉姆斯两人很有热情却没什么能力，用了无数种方法都没能除掉这个名字。“唐璜”拒绝消失，只有切开帆布重新拼接才可以去掉。他们这样做了，“唐璜”变成了阿里埃尔，今后雪莱就伴着这个指代暴风雨的名字航行。[1]

这段时间里，雪莱写了他的最后一首长诗《生命的凯旋》。由于航海活动分散了他的注意力，与往常不同，他开始不规律地写作，

[1] 阿里埃尔，空气般的精灵，莎士比亚《暴风雨》中的一个人物。

写在活页纸上，他的字体变大、变形，很难识别。诗的风格不像他之前的任何一部作品，在这诗中有一种冷漠和一种奇怪的距离感。这首诗没有写完。最后一页纸的背面，画有船的速写。

玛丽陷入了一种深深的绝望之中。她不停地生病，森林的美丽远远不能给她带来安慰，反而让她害怕地颤抖和哭泣。无论在什么样的天气，雪莱都能突然出海，他的幻觉让玛丽感到很不安，更不用说简的存在，她打扰了他们夫妇平静的生活，还激发自己的丈夫写出了这么多美好的诗篇。她再也无法摆脱这无声的焦虑，即使是学习也没有办法使她平静下来。她感觉自己生命的路途被简阻挡。她也无法忍受吸引人的大海和茂盛的植物。炎热的天气压垮了她，她再也不走出房子了。

1822 年 6 月 16 日，流产让玛丽的生命垂危。医生花了 7 个小时才到达了这个与世隔绝的房子。她把自己的生命交给了雪莱，他充满决心地协助她，将她放在冰水里以缓解出血。在他身上出现了两个人，一个人有条不紊地执行着拯救的工作，另一个人惊恐又迷惑地看着这生命潮涌的断裂，无力阻止。

玛丽花了很长的时间恢复身体，7 月初，她又重新从房间里来到了露台上。雪莱把自己的焦虑和病态传染给了整个屋子的人。他给特里劳尼写了一封奇怪的信，要求他给自己注射一剂致命的氢氰酸。信里的语气一半很谄媚，一半很做作。他这样可能是为了引起身边人的注意，或者是恐吓他们。他的罪恶感再也没有存放之处了。

需要有一个庄严的声音来切断这邪恶的诱惑，并且让每个人都从毫无束缚的感觉中缓解过来，他们被这感觉困住了。但是在卡萨马尼，只有简悠长的吉他声和冷漠的海浪发出的沉闷的沙沙声。

在玛丽流产的时候，雪莱表现了每次他在面对真实的威胁时的决心。但每次危险远离之后，他的灵魂又像在最坏的时候那样重新出现。一个普通的早晨，他再次遇到了自己的分身，他问它：“还要这样几次你才能满意？”

一天夜里，一直留在房间里的玛丽被雪莱的叫声吵醒。他冲向她，完全还是睡着的样子。她试着把他叫醒，但他还一直叫喊着。出于恐惧，玛丽跳下床，穿过客厅一直跑到了简的房间，她已经太脆弱了……威廉姆斯找到雪莱，他刚从噩梦中醒来。他在床上梦到了简和爱德华被撕碎的尸体，布满鲜血地走向他，两人互相搀扶着，朝他大喊：“起来啊，雪莱，海水涌到房子里来了……”然后他就起来了，之后他看到了更可怕的场景。他看到自己在船上，正在试图掐死玛丽。

海水涌到房子里来了……确实是这样。迷人的女神变成了充满威胁的力量，雪莱的梦好像比他自己更早知道他再也不能和这女神建立游戏的关系，或是在他欲望的海洋里愉快地与她嬉戏……从某种角度来说，卡萨马尼是迪奥达蒂的一种重现，他紧张和犹豫不定的困扰再次出现。而现在，不再是拍打堤岸的湖水，而是海，深沉又神秘的海。但是构成是不变的，过于亲密的关系、音乐、漂浮不定的肉欲，还有雪莱认为一切且有可能的幻想，不久他就会被这幻想耗尽。

心灵和身体的暴风雨腐坏精神，让它变成了绞刑。雪莱精疲力竭，伴随着简弹的吉他发出愤怒的尖刻声，同样的音符在雪莱的灵魂里不断出现。曾经，克莱尔也叫简，她也唱歌。那个时候陪他坐船的不是爱德华，是拜伦。但是那段时间的幻影看上去很遥远，没有办法令人相信……那个时候玛丽写了《弗兰肯斯坦》，在远离他们的地方，怪物专吃孩子、青春和爱情。但是现在的雪莱已经没有力气了。对于他来说，这些亡魂已经不再是故事了，他们是充满了恐惧的活死人。他已经没有任何抵抗恐惧的武器，哪怕是游戏。玛丽和他已经遭受了太多的痛苦，这种境遇让他们很难再有力气去书写自己的故事。雪莱马上就会结束这个故事。

我们可以想象玛丽的恐惧：雪莱看到自己掐死她的那一幕，正好符合书中怪物想要掐死伊丽莎白的那个场景。

雪莱要去里窝那迎接他的朋友亨特，还有他生病的妻子以及一群孩子。这趟旅途因为之前所发生的事给玛丽在精神状态上造成的创伤被搁置了。7月初，燥热逼人，在海湾的村庄里，人们正在祈雨。他出发前的两天，写信给在凡尔赛的贺拉斯·史密斯，信的内容是关于宗教的无能为力和领导着人类的现有政治体制。然后，在结束他的信之前，他加上了下面的评语："我一直都住在这个神圣的港湾，读着悲剧，一边航行，一边听着最迷人的音乐……"

雪莱和威廉姆斯在7月1日出海去了里窝那。在里窝那和比萨之间，他度过了繁忙的一周，忙着安置他的朋友，还有他与拜伦编辑社论、政论的工作。他们为一本激进杂志《自由主义者》的创刊号写文章，拜伦的名气可以保证这本刊物的发行。雪莱因为离开了莱里奇沉重的环境而感到释然，并且很高兴能重新见到亨特。他的朋友发现他的皮肤因为海浪和生活在大自然中变得更深了，他也变得更加专注和友好。他在很大程度上缓和了亨特和拜伦之间的矛盾，而威廉姆斯则在里窝那负责食物的供给。他写了信寄到卡萨马尼，一封给玛丽，一封给简，对两个人，他有同样的柔情和担忧。没有一丝风，也一直没有下雨。

8 日，他们又重新出发去莱里奇。天气情况十分恶劣，特里劳尼毫不掩饰他的担忧。他想用拜伦豪华的护卫舰“波利瓦”陪他们航行，但是因为海关的问题没能成功。尽管“唐璜”已经被改造，但它依然不好操作，而且这两个没有经验的航海者只有一个 11 岁的小水手陪伴，三人构成了整个团队。罗伯茨船长紧张地在后面的船上跟着他们。云层在西边聚集起来，在他看不见那艘随着波涛起伏的小帆船之后，暴风雨接踵而至。在港口之上，天变成黑色，引起了巨大的骚乱。

一艘三桅小帆船的船长由于习惯了这种短暂的突如其来的暴风雨，急忙把他的船引到了港口，很久以后，他讲述了后来发生的事情。他已经离“唐璜”很近了，也可以支援他们一把，他用喇叭冲着无尽的巨浪呼喊他们。他请求他们放弃那艘帆船，到他的船上避难。“不！”一个尖锐的声音回答道。像山峰一样高的浪打在船上，发出巨响，船帆在船员巨大的惊恐之下，更加鼓张开来。

“看在上帝的分上，”他大喊，“把帆收起来吧！”

他看到一个男人做出一个收起帆的手势，而另一个男人却充满愤怒地抓住他的手阻止他……“唐璜”驶进了拉斯佩齐亚海湾，那是暴风雨的中心，所有的帆都张着。

雪莱对这个场景有这么多次幻想、模仿和想象，最终将自己的身体投入了咆哮的海水中。人们在他身上发现了一册济慈的书，还有索福克勒斯的。也许他是在读《俄狄浦斯王》的时候回到了这最原始的水中。

忧郁的日记

十几天之后，他们的尸体被发现。尸体被海浪冲到离维亚雷焦不远的沙滩上。他们的身体已经变形得很可怕，但是又高又精细的身形很容易让人识别出来。特里劳尼竖起一堆柴火，表示要把他们的尸体在海滩上火化，像古希腊人那样。他把雪莱的心脏和骨灰放在一个橡木盒子里。很久之后，它们被埋在了罗马的新教墓地里。

至于拜伦，在每次情绪涌上来的时候，都会做同样的事情。他跛行穿过被热气蒸熟的沙滩，脱掉所有的衣服，跳进海里疯狂地游泳，直到"波利瓦"在港湾抛锚。

雪莱死了，玛丽再也不用担心他会死。一年里，她都没有办法离开意大利，那里的光线、植物、语言都和她诉说着所发生过的一切。特里劳尼、亨特、拜伦都能理解玛丽的感受。这次这个小团队在热那亚成立，是玛丽租的房子，对她和亨特一家来说像是一个有 40 个房间的营房，而对拜伦来说是一个发出虹光的粗涂泥灰铸成的住所。

就是在那里，她重新开始写日记，10 月，她写下了这些："忧郁的日记——始于 1822 年。给我的儿子，他不该如此早逝。"

第一个离开他们的是克莱尔。阿列格莱和雪莱都死了，已经没有什么能把她留在意大利了。她在维也纳与他哥哥度过了一天，就去莫斯科做了家庭教师。简・威廉姆斯和两个孩子在秋天回到英国，玛丽把她介绍给了霍格。这个雪莱牛津求学时的好友、一家人的朋友，一直对雪莱所爱的人保持自由的状态，他立刻就对简产生了兴趣，就像之前对哈里特和玛丽那样。后来，他们两个人生下了一个小女孩，他们给她谨慎地起名为普鲁登琦娅。[1]

热那亚的日子对每个人来说都变得不可忍受，因为雪莱在他们的生活里阴魂不散。拜伦暴躁地在沙滩上走，把一些没有用的卵石扔进大海。小圭乔利伯爵夫人一下子就老了，表现出了很伤感的样子。她比拜伦更早知道，他会离开自己。

之后的两年，拜伦一直关注着希腊起义的进展。他草草地完成了《唐璜》的诗节，其中的诙谐讽刺被净化为一两个不可剥夺的信仰。他写道："因为我会尽所有的能力来教导，直到石头都会自己蹦起来反抗地球上的暴君。"拜伦当然不是天真无知的，他知道即使是自己，有时候也是暴君。他对土耳其人没有任何恨意，他憎恨战争。简单来说，他希望"人类能够获得自由。不管是帝王还是庶民——不管是你们还是我"。

对于与"女人这个荒诞的物种"相处，他感到困难且痛苦。伯爵夫人深深地爱着他，以至于她坚决反对"为首的教皇，他代表了罗马涅一半人的意愿"。最后，在合理的条件下，她被送回到她丈夫身边，即"不让他作为第三者"[2]，然后，拜伦与特里劳尼为了在希腊安置一批私人的军队帮助他们解放而一起出海去凯法利尼亚岛。在那里，拜伦还要再写一幕。

1823年夏天，热那亚的小团队彻底解散了。

玛丽回到了英国，住在离葛德文不远的地方，但是她的灵魂却漂浮在星际间，身边尽是一些冰冷的星球。现实生活中，她住在肯

---

[1]"德智"的意思。——译者注

[2] Cité par André Maurois *in: Don Juan ou La vie de Byron*, Grasset, 1952.

特镇，《弗兰肯斯坦》被搬上了戏剧的舞台，她投身于伦敦文学与艺术的生活。而在另一个世界里，她感到一切都死了，除了“每天都要看到太阳升起，照亮她所有挚爱之人的坟墓”。

然后，她打开日记或是一本书，就感觉到一个狂热、高大的身体出现在面前，一条手臂紧紧地抱住她的肩膀，一个声音慷慨地给她讲了一些温柔的鼓励的话。在这些时刻，她再也不是孑然一身处在这个银河系中，她听到了它们的声音，她的视线在字里行间移动，她的笔在纸上游走，她胸口的重压减轻了，她没有意识到，她的眼泪已经干了。那些来自最遥远过去的记忆，意想不到地涌现，在废墟之中，一种可能的生命的意义又慢慢地建立起来。小珀西又变得真实起来，她身边雪莱的作品提醒着她要将他的名字发扬光大，她身上创作的力量热情地唤醒了疲倦的身体。

她开始考虑英国的乡村，那里有意大利般的阳光和毛毛细雨，有像伞一样的松树和掉了叶子的柳树，还有孩子们的嬉闹声，在她无边无际的孤独中回荡。

可是如何去解释这些残局？因为命运是盲目的？还是某种隐晦的法则能够解释这种令人不可置信的、接连不断的厄运？玛丽是怎么预感到这些的？

“弗兰肯斯坦”的复仇并不是出于偶然。它掐死的是兄弟、朋友、至信之人和妻子。伊丽莎白在新婚之夜死去这件事或许也让玛丽为自己担心过，她日记中出人意料的平静，记错重要的日子，都是一种可怜的驱邪咒语。就好像人们回避一件事，是为了更好地保护它。

现在，一切都已经完成了，玛丽孤身一人，失去了孩子、在迪奥达蒂的朋友以及爱人。就好像她已经听到了她沉重不堪的命运给她带来的预兆性的话语。

她丈夫尸体被火化的那个柴堆在《弗兰肯斯坦》中被提到。她一直在描绘孤独在她身边留下的冰冷。就好像她目击了词语和事物之间、恐惧和现实之间隐喻的距离正在消失，充满恐惧。弗兰肯斯坦在他的木排上被大海卷走，在一块浮冰的柴堆上自我牺牲；现实中，真实的海浪吞没了雪莱，真实的寒冷冻僵了他的器官，真实的燃烧把他的身体变成了灰烬。词语不再有象征意义，某种东西猛然地扑向雪莱和玛丽的生命。

玛丽赋予日记一种无尽的痛苦，没有什么能抑制如此多的失去。但是所有这些未解开的谜在她身上形成了新的渴望，她又重新开始写作。这就是《最后的人》，最后一个人，有关于人类被一种传染病所毁灭的故事，玛丽将这种传染病设置为鼠疫。她只留下了莱昂内尔·弗尼一个人游荡在废墟之中，成为人类以及其终结的最终见证者。故事发生在 21 世纪的最后几年，在一个和我们所生活的星球一样的地方。玛丽不是儒勒·凡尔纳，在《最后的人》中，没有一丝未来主义的色彩。书里的人们生活在村庄里，用池塘照镜子，骑在自己的坐骑上。一趟坐热气球的短暂旅行，随着风飘浮，是与即将到来的现代唯一符合的事情。可是在书里，人们关于爱情、困境、矛盾有很多讨论——对人性的探索，这是唯一让玛丽感兴趣的事情。

《最后的人》可能是对玛丽自己孤独的隐喻，也是一部治愈小说，让她好受一些。但不仅仅是这样。确实，玛丽尽力让自己重新经历这一切，塑造了不同的、易于识别的形象，雪莱、拜伦、她的孩子们、阿列格莱，那些她生命中出现过的深爱却又消失的人。她深化了那些角色和场景，冲撞着进入绝境，控制了生命中错综复杂的事物，她追随着一条线，或是另一条线，就像阿里阿德涅，没有忒修斯在等着她。

但是她始终谨慎地前行，重新走过生命中的迷宫，渐渐走向清晰。雪莱和拜伦爱女人，他们征服了一片片的土地。当丝毫不受限制的瘟疫席卷了一片又一片的大陆，惊慌的男男女女跟随着他们，这种不可阻挡的恶在他们之间互相传染着。

这恶是人性之外的还是人本身就具有的？这个问题似乎是玛丽在对于精神法则的不断追问中提出来的，而当她对自己的生命进行观察的时候，就会明白这些法则。

这群被感染的人逃离了英国，从伦敦到了巴黎，又从巴黎到瑞士，再从瑞士到意大利，玛丽再一次重现了自己命运的轨迹。但是这种探索并非只是地理上的，也是精神上的，她不仅再现了曾经走过的地方，还展现了它们之间的关系。也就意味着整个地球都是很危险的，整个……除了一个极小的内陆国家，确切地说就是瑞士：那里，在莱芒湖迷人的湖畔，瘟疫消失了。玛丽在雄伟的阿尔卑斯山脚下，在奔流在浪漫山石间的水边，写下爱和诅咒的篇章。

在这个地方，瘟疫永远地消失了，因为人类消亡了，除了以她、雪莱，和两个孩子为原型的四个幸存者，他们所有失去的孩子和阿列格莱重聚在了一起。这次，玛丽将命题反转了：她不再是一个人，不再是一个失去了所有挚爱之人，活在人类存在却冷漠的世界里的人。尽管人类已经消亡，可是身处所爱之人中的玛丽感到自己是活着的，她不再有任何恐惧。再也没有克莱尔，没有简，没有迷人的伯爵夫人，没有眼神天真的新面庞，没有任何可以让雪莱再次产生情欲的人，因为所有的男人和女人都死了。即使是在迪奥达蒂花园别墅里的灾难也没有了，她和雪莱两人活在这个已死的世界里，从焦虑中解放出来的他们闪闪发光，这是玛丽用另一种方式来表达的灾难的另一个名字：诱惑。

“你们没有听到暴风雨即将来临前的低吼吗？你们没有看到云层展开，苍白又不可避免的毁灭正袭向这片废土吗？你们没有看见闪电，还是你们已经被伴着闪电的天空发出的巨响震聋？你们没有感受到脚下的地在震颤，风带来它发出凄凉的哀号的回音？不！我们的衰落没有伴随着以上任何一种现象！大自然精美的馈赠，春天香甜的空气包裹住了迷人的大地，这大地就像刚睡醒的年轻母亲，无不为孩子的美丽感到骄傲，她正要迎接孩子们的父亲，他已经不在很久了。树上长满了新芽，田野里遍地开花。黑色的树枝、饱满的汁液和它们展开的树叶；点缀春天的植物在微风中吟唱，感受着微暖的苍穹。小溪在轻柔的呢喃中奔流；海上没有一丝波浪，平静的水面倒映出海岬。鸟儿在森林中苏醒，深暗的土地里长出丰足的食物。痛苦和罪恶在哪里？不在平静的空气中，也不在汹涌的大洋中；不是在森林里，也不是在肥沃的田野里；也不是在鸟儿的身上，它们的叫声让整个丰饶森林愉悦起来，那里的小动物们在晒太阳。我们的敌人，像荷马的灾难，毫无声息地践踏着我们的心灵。”[1]

---

[1] *Le dernier home*,trad.Paul Couturiau,éditions du Rocher,1988.

一种看不见也听不到的恶驻扎在心灵中：就是这样，玛丽开启了《最后的人》的第三部分。

玛丽想要自由，但她很孤独。她既不能退到她充实的计划前，也不能退到恐惧前，她一次次地见证了被诅咒的故事，并且想要在其中寻找动因。从她的阅读记录可以看出她的病态。这挥之不去的“为什么”在她长时间的沮丧中出现，影响着她独自一人时的睡眠。她无法给出一个答案。但是到了早上，那些形象出现在脑海中，变得更为具体，场景更加深入，故事一页页地重现。

不顾回忆给她带来的伤痛，以及同辈人的嘲讽和过分的野心，玛丽将自己变成了渴望知识的女英雄。在解读自己故事的同时，她又写了另一个故事。

有那么几个瞬间，所有她经历的和所写的东西都显得那样不真实，只有珀西·弗洛伦斯的出现才能证明雪莱、迪奥达蒂花园别墅，那些所爱的人、她身边的孩子、克莱尔、那些矛盾、拜伦，还有在长途旅行中不确定的几步和耀眼的瞬间真实地存在过。

鼠疫，是对没有法则的爱情的讽喻？

《最后的人》中的故事开始于 2073 年，结束于 22 世纪初。代表玛丽的人物里昂内尔·韦尔拉讲述了人类的末日。他是王储阿德里安的一位朋友，他的父亲在临终前不久放弃了王权，建立了一个共和国。这个年轻人是雪莱的写照，他的性格热情却柔弱，充满理想，与他想要在英国恢复王权的母亲顶撞。

之后出现的人物是莱蒙德（拜伦勋爵），一位对权力充满贪念的贵族，即将被选为勋爵来保护英国人民。莱蒙德感到自己背负重任，充满了征服欲和荣耀，可是在君士坦丁堡的城墙上，他没有看到祝圣，他看到的是鼠疫。这个城市被献祭，一片安静。在那些沉默的砖墙前，莱蒙德勋爵心绪不宁，他看到了人类即将灭亡的未来。

或许是他闻到了鼠疫的气味，或许是疾病让他产生预感。但是，他在死前向里昂内尔说，“大地对我来说就是一片坟墓，苍穹是一个腐烂世界的屋顶。时间再也不是……所有我见到的人都像尸体，即将失去让他们富有生机的光彩，他们离衰弱和腐朽已经很近了。”很快，这场瘟疫在其发源的尼罗河畔退去，开始侵袭亚洲，最终到达欧洲。“在切尔克亚西和格鲁吉亚，美的精神在它所钟爱神殿的废墟上哭泣——那是女人的身体”，玛丽这样写道。

然后，瘟疫就在整个人类社会中传播。里昂内尔和阿德里安离开了被侵袭的英国，带领着幸存者，希望欧洲大陆上的土地能够对他们更加宽容一些。阿德里安，一个充满了动力的行动派。玛丽想到了雪莱，于是写道：“他的微笑和轻松的语调令人永远都无法想到，他即将带领着几个幸存者，离开自己的国家英国，去到被抛弃的南方王国中，在那里，他们即将一个接一个地死去，到最后只剩一个人身处在一个空无的世界，没有任何声音。”他们来到了巴黎，然后沿着荒凉的路到了瑞士，最后到达了宽广的威尼斯，在那里，阿德里安因为一次海难溺亡。

玛丽重述了她的第一次出逃，将雪莱的死设置在了丽都，和克莱拉死亡的地方相同。她的笔调突然间变得沉重起来：“在我的眼前，大地像一副地图般展开，在这上面，我已经没有办法指着任何一处说：他们在这里会很安全。”不计其数的死亡标记了每一个阶段，里昂内尔一个人存活着，在没有人的城市间游走。

玛丽这本小说主题的灵感有一部分是来自19世纪上半叶侵袭欧洲的霍乱瘟疫。但是，在鼠疫这个未解之谜中，她创造了《最后的人》中真正的英雄。这个“全人类的敌人”，有着蛇头的灾难，就像她给它命名的一般，占据了她所有思考的能力，像一条线一样串联起了她散乱的思想。

玛丽熟知《俄狄浦斯王》的故事。她研究过这个文本，反复地阅读，还做了评注。人们在她工作的文档中发现了成堆的有关于这个悲剧的研究。她知道，自索福克勒斯以来，鼠疫是对于人类所有诅咒的范式：那是对人类的欲望和暴政，还有无法超越矛盾的诅咒。她在《最后的人》里的流浪——无论是内心的还是地理上的——从本质上来说，是“人类性欲这个根本的弱点”，这种不可避免的不协调性来源于爱情和创作，同时也是产生反复和毁灭的因素。

再次读玛丽的作品让我感到很困惑，让我沉浸在无法结束的梦境中。她是从哪里得到如此多的预兆？《最后的人》不仅仅是一部隐喻孤独的作品，更是一种对未来的预言。她用尽所有的力量，限制了需要在她自己身上揭示的真相。这个真相，她自己也不知道，她围追堵截这个真相，穷尽了她从苦难中得到的所有人类的所知。一种比忧伤更为强大的力量占据了她，把她的焦虑转化成了行动，将她的笔带到了纸上，却迟迟没有下笔。在现代的黎明之际，她的作品是写给我们的，写的也是我们。

阿德里安（雪莱），首先是一个拒绝遗产的继承人。一个放弃王位的国王之子，一个被共和国理想点燃的青年，他混淆了这理想与“所有矛盾的平息”的概念，对他来说就是黄金年代的同义词，一种没有任何缺憾的满足感。但他有时候也会处于疯狂中。他永远都不会成为一个父亲。“你们看着，头发上将会洒满野花——双眼被一种无限的空虚填满——声音破碎，他的人也缩小成了一个影子。”可他依然是一个活跃的冒险家，不断地增加着他改革的计划，在逆境中成长，成为被疾病、灾难和死亡扫荡的乌合之众的勇敢领袖，这些人从一片土地上逃到另一片土地上，有时很团结，有时却又因为过多的不幸、无力、无知而相互对立，这些东西在他们之间传播，这种无法避免、到处出现的危险，是他们所不理解的。

雷蒙德（拜伦），后者在一个贵族家庭生活，尽管这个家已经败落。这是一个有野心和实用主义的男人，臣服于自己强烈的激情，同时也是在任何情况下，多疑的、时刻保护着自己既得利益的守卫。在讲述完雷蒙德被选举上人民的领袖之后，玛丽把雪莱的社会理想加到了这个人物身上：“贫穷的状态将被废除，人们可以像《一千零一夜》故事里的胡森、阿里和艾哈迈德王子一样自在地走动；人们的健康状态很快就不再需要天使的保佑，疾病将被驱逐，最繁重的工作也会被减轻。这种志向看上去一点也不夸张。生命的艺术和科学的发现所产生的进步，让人类开始藐视数学的计算。丰足的食物会自己从土地中生长出来，还有能够满足人类所有欲望的机器。”“但是恶并不会因此消失”，深知人性的玛丽这样写道，“而且人类是不幸福的，不是因为他们没有钱，而是因为他们不花精力去克服自己设下的障碍”。

其中一个障碍，并不微小，玛丽已经注意很久了。她将在莱蒙德（拜伦）这个人物身上细致入微地分析。他克服了一个又一个的困难，最终到达了权力的顶峰。“‘但是’，他承认道——‘这里’，他剧烈地敲击心脏——‘这里有一个反抗者，一个巨大的危险！这颗充满力量的心，我要把里面的血放空。可是，只要它还能跳一下，我就依然是它的奴隶’。”

“就这样，”玛丽在之后写道，“当莱蒙德享受权力和荣耀的梦想，当他说到要同时在物质和精神层面扩大他的统治时，自己内心的领域却逃离了他注意的范围。这喷涌而出的意料之外的洪流吞没了他的意志，将他伟大和幸福的梦想带到了遗忘的海边。”或许这个拥有着笛卡尔思想的人本可以通过科学和技术成为讲师，或是大学老师。但这梦想一直在离他远去。

对于玛丽来说，在雪莱这个人物身上追问“心灵之事”实在是过于痛苦。在小说中，她回避了这件事。从长时间的疯狂和囚禁中出来的男人，会时刻准备着行动，而位置要留给最重要的事。

雷蒙德与他所爱的珀迪塔结婚了，时间只把他们的结合变得更加平和，让他们在只言片语中就能互相理解，预计到对方的想法，让他们能够充分地分享感情和思想。珀迪塔的女性气质更进一步地绽放，声音里充满了温柔的颤抖。雷蒙德摆脱了情绪暴躁的习惯，还有他年轻时那种倔强的叛逆。一种开化的爱情在他们之间起了传递的作用，从利己主义变成了利他主义，让不同的人开始相处，为了对方妥协地放弃，相互体谅。不过，雷蒙德也爱着爱娃德内。

玛丽多么像是在知道原因的情况下写作！她对爱情和欲望的绝

境阐述得多么到位。“已经发生过的事，现实无情的笔将它永远地写在了过去的书上；无论是焦虑还是眼泪都无法擦去哪怕是一丝丝的现实。”

珀迪塔一开始并没有发现莱蒙德与爱娃德内的关系，然后她开始猜疑，不可避免的，他们之间的爱情失去了原有的那种闪光。谎言和隐瞒改变了原来纯粹的关系。但是，相比怀疑带来的不幸，确信才是更可怕的事。“‘原谅！和解！这些词变得那么空泛没有意义！’珀迪塔这样写给雷蒙德……‘我原谅你给我带来的痛苦；但是我们再也没有办法回到过去……让我难过的不是那种普遍意义上的不忠：而是一个整体的分裂，这个整体不能接受零散的部分。”

如此严厉的话语让雷蒙德完全不知所措。为了满足一时的任性，他把精心构筑起来的关系置于危险之中。在向自己的冲动妥协之际，他与珀迪塔结了婚，然而他又以相同的方式成了爱娃德内的情人。但是现在，他就像一个瘫痪者，因为自己已经无法掌控局面了，他开始在纵欲中寻找这艰难爱情的解药。

“他被一种恐惧所纠缠，害怕任何一个牵扯到这场闹剧中的人会死亡。他没有办法拿捏采取行动的方向，因为他害怕自己不了解即将穿越的疆域，他不会让别人把他带到无可拯救的废墟之中……”玛丽的笔触跳过了这块疆域，并且将爱娃德内送回了她的出生地希腊。

这个年轻女子在希腊武装起来对抗镇压。她受了伤，在里昂内尔的怀中死去。吞噬了她的高烧让她处于一种带有预言家性质的疯狂之中：“这是爱情的终结！……不，还没到结局！这里才是终结！

在那里，我们会再见。为了你，我承受了一千次死亡，我的雷蒙德。现在，我终于要死了，我，是你的受害者！我用我的死来得到你。看啊！战争的号角，火焰和鼠疫都是我的工具。我用我的胆量让它们臣服于我，直到这一天！我出卖了自己，只要你可以一直追随着我。火焰、战争和鼠疫凑在一起来让你毁灭。哦，我的雷蒙德，对你而言，这个世界上已经不存在任何安全地带。”

另一边，珀迪塔的心一开始是燃起了嫉妒之火，之后又被突然揭露的真相冷却成冰。这冰与火的交织就是受爱情折磨的症状，这是在关于鼠疫之后的几个章节里写道的。玛丽将这几页关于爱情的描写错综复杂地纠缠在一起，这爱情遵守着它自己的法则，并且毫不留情地一步步将人类推向毁灭。拜伦在希腊的回忆，在温莎、主教门、多佛尔、巴黎、瑞士、罗马的记忆，玛丽在小说中以想象的方式重现了自己生命的轨迹，到处都被鼠疫占领。

再也没有一个幸存者。鼠疫没有让阿德里安死去，但大海却做到了，他死于海难。在威尼斯宽阔的丽都，那里，克莱拉的死吞噬了玛丽的幸福。里昂内尔（玛丽）成了这个没有其他生命的世界里唯一的幸存者，并且还在追寻着一个不可能找到的伴侣。在他可怕的命运面前，里昂内尔既虚弱又不信神，他游荡在一个又一个的城市之间，最后到了罗马，时间是 2100 年。那里，在令人激动的古代遗迹中，他专门为死去的亡灵写了一本书。他能把这本书交给哪个活人呢？“起来吧亡灵，来读你们衰落的故事，看看这最后一个人的故事。”

当世界上只有你一个人的时候，你在罗马能做什么？或许只能通过凝视，触摸那些孤零零的雕像来追问，而这些雕像又因为沉甸甸而无用的知识变得更凝重。“一半是为了讽刺，一半是为了欺骗我自己，我时常把比例固定的雕像凑近我的身体，将自己影射成丘比特或是普赛特的唇，拥抱着冰冷的大理石。”

因为孤独而发疯的玛丽描述了一个抱住爱情象征的玛丽，这让我深有感触。她的眼泪一定洒落在了书页上，在焦虑的文字上，在这些无意识的涂改之中，还有一些只有她自己认识的符号，驱赶命运诅咒失败的无力感中，或是缩写中留下印迹。所有这些与她如此靠近的时间都让我感到安心。在欣赏普赛特和丘比特的时候，玛丽不仅仅是在追寻她失去的爱情所留下的痕迹。她恳求雕像能够将她不同的强烈直觉联系起来，关于爱情、欲望、心理活动还有一种无法抑制的威胁的涌现，也就是她称为鼠疫的东西。她想知道为什么，可是“为什么”，是一幕巨大的爱情戏，扫荡着整个世界。

还需要更多吗？玛丽为她的小说写了序言。她在小说里写了1818年的冬天，她与雪莱在那不勒斯的海湾边散步的经过。因为这段描述充满了对真实回忆的感情，反而显得有些虚幻。这对年轻的夫妇穿过库迈女预言家西比勒幽暗的洞穴，向导劝诫他们不要继续走向长廊和洞穴的深处，说起了里面的妖怪、坍塌的拱门和危险的岩洞。可这恰恰激起了他们强烈的好奇心。在完全的黑暗之中，有一条接一条的长廊，他们走近了地球的心脏，直到一个无人访问过的岩洞。那里，荆棘丛和一块块的树皮长在肥沃的腐殖质里，他们在里面发现了几张纸，上面写有晦涩难懂的预言，是用好几种语言写成的。内容似乎是一些杂乱的预言，还有当时所发生事件之间的关系。

《最后的人》不过是对现实的一种重现，这现实来源于“库迈小姐诗意的狂想曲和神圣的直觉”。玛丽所做的，不过是像她所写的那样，“给西比勒在易毁的纸上所写的内容一个具体的形式”。就像皮媞亚在德尔斐神庙俯身倾向地球的心肺一样，西比勒在幽暗的洞穴里获取对未来的知识，玛丽在她自己心灵的最深处找寻那些无序的认知，然后交给我们来解读。

是时候离开玛丽了。我听见了命运在敲打我的门。命运？不过是人类所有可能性中的一个故事而已。

作为寡妇又身无分文，玛丽将自己的余生奉献给了他的儿子珀西·弗洛伦斯，还有对雪莱作品的编辑和写作。由于蒂莫西先生每次都会在出现他认为是不合适的情形时威胁说要切断生活的来源，所以玛丽必须要小心谨慎，但是在意大利圈子里的幸存者们依旧指责她对自己丈夫的“事业”甚至是记忆有不忠。她尽所有的力量去避开这些意见，因为她想保证珀西·弗洛伦斯能够获得合适的教育，从哈罗到剑桥，小珀西再次获得了贵族的继承权，这继承权曾经是他父亲的包袱。

为了保护自己的儿子，她选择了一种相对的沉默。在15年被迫的沉默之后，她终于可以出版雪莱的整套作品集，包括他死后出版的作品，还有评论集。她又写了几部长篇小说、很多短篇小说、游记、自传、文章、批评文章、抒情和戏剧诗。

对于某天向她求婚的特里劳尼，玛丽回应他“雪莱”是一个那样美丽的名字，她不会为任何事情而改掉这个名字。

威廉·葛德文于1836年逝世，享年80岁。他留下了一部复杂的作品，这部作品中表现了对人类集体幸福的担忧，以及被怀疑所压制的内心世界。[1] 4年前，他的儿子威廉——玛丽的弟弟，死于肆虐伦敦的霍乱。他写了一部小说，题目很奇怪——《灵魂输液》。

克莱尔在欧洲很多不同的城市做家庭教师，直到生命的尽头，她一直保持着与玛丽的通信。她没有结婚，在她身上，那个深爱着雪莱的年轻女孩从来未曾消失过。

1837年，维多利亚时期开始，不合时宜的欲望再次被厚重的克里诺林裙隐藏起来，它们销声匿迹了这么久，以至于我们都以为它们已经消失了。

1844年，蒂莫西先生去世，珀西·弗洛伦斯继承了费尔德庄园，还有准男爵的头衔。

玛丽又到大陆上旅游了几次。之后，她再也不讲述她的孤独，即使是在她的日记里。她在伦敦的切斯特广场24号定居下来，这是她一生中最后的住址。

1851年2月1日，在她54岁的那年，一次让她瘫痪了几个月的重病使她离开了人世。她被葬在了伯恩茅斯的圣彼得斯。人们把玛丽·沃斯通克拉夫特和威廉·葛德文的遗骸还有雪莱的心脏送到了她身边。

1846年，实现了世界上第一例全身麻醉的外科手术。

人们忘记了玛丽，但并没有忘记弗兰肯斯坦。

---

[1] Voir à ce propos *William Godwin et son monde intérieur*, Jean de Palacio, Presses universitaires de Lille, 1980.

隐喻的废除

法国大革命意在将社会主体树立在理性之上。但这场革命也是在时间性上史无前例的一次断裂。完全抛弃过去，拒绝所有的传统和所有历史留下的机制，革命者们以一种全新的计算时间的方式证实了他们想要与过去决裂的坚定决心。

▶▷ 预言家玛丽

法国大革命意在将社会主体树立在理性之上。但这场革命也是在时间性上史无前例的一次断裂。完全抛弃过去，拒绝所有的传统和所有历史留下的机制，革命者们以一种全新的计算时间的方式证实了他们想要与过去决裂的坚定决心。1789 年成了起始年，世界在真正的意义上开始存在了。我们再也不会天真地宣称对遗产，或是对自我生殖的幻想的拒绝。这或许是第一次，一个社会如此彻底地否定它的过去。当然，我们看到了这个想法所获得的成功。

"遗产"和"屈从"两个概念被混淆，但是它们激起了相同的反抗。社会必须从零开始重新建设。没有任何基础和框架能被留下来，过去，好像对那些想要革命的人来说不包含任何有用的教育作用。人的自然统一性在非理性主义、信仰和偏见中腐坏，但是在一个公正的、摆脱了现有机制专制的社会环境中，这种统一性能够重新被找到。理性的教育和对无知的抗拒能让个人对一个秩序平衡社会和普世原则的建立做好准备，这普世原则的实现可以满足所有人的利益。

父辈们传下来的所有遗产，制度的、法律的、宗教的，全部被拒绝、被质疑。处死路易十六就是其中的一个象征，而"斩首"，明显是"切断"的意思，都算不上是隐喻。恐惧伴随着权力的衰落和断头台上国王首级的掉落出现。被迷惑了的群众感受到了突然实现了转变的魔力。这种现象一直持续到一种新秩序的建立，重新赋予思想以平静，并重新建立了有益的限制。大革命催生了一个个人自由和平等的社会，是神权到人权的过渡。但是，在要求意识到理性的同时，大革命标志着传承链一种史无前例的断裂。

这个巨大的口子将会让科学堕入深渊。启蒙时期的自由主义哲学家认为，人类可以因为科学的进步和政治的理性带来的深度社会转变而重新找回真正的本性。但是，在预先认定认知上的理性可以轻易地转变实践中的理性时，那个时代的思想家，低估了理智的客观性可以掩盖所有的控制的能力。渐渐地，这个还未定型的人类科学开始趋向于与立法者这个角色相混淆。

玛丽和雪莱是革命的孩子。他们在这一点上很没有耐心，对他们来说，未来，就是明天早上。他们对思想力量的信仰给予了他们十足的勇气，让他们立刻可以将自己的信念付诸实践。但是，当玛丽的一生被锻造成一种奇特的真相时，雪莱却一直病态地执着于自己的理论理想。

对镇压的反抗是雪莱所有作品的主题。这种反抗没有很好地与对完全享乐主义的憧憬区分开来。对他来说，对于快乐出于天性的追求和获得理性是同义词。科学的进步促使道德和政治的进步，带领全人类走向幸福。为了达到这个目的，需要对“控制”的根源有一种现实主义和科学的意识。

在雪莱的眼中，并不是所有文化都是压制性的，只有他父亲所代表的那种文化是在对一种毫无节制欲望的合理化中，政治秩序的话语和身体的自由相混淆，这种欲望承载了它自身专政的起源。在人权的背后，隐隐地显示出一种自圣·奥古斯丁以来的快乐却不被承认的性欲。只有一种性欲的关键力量，它重新支配着快乐、平和，能够承受起这样的冲劲。

大革命所做的，不过是将一个远古的问题重新提了一遍：在欧洲的那几幕中，唐璜杀掉了骑士，而莫扎特崇高而又有穿透力的音乐，比文字更好地说明了那些不可调和的矛盾和牵连，以及神话中深深的恐惧。莱波雷洛给唐娜·埃尔维拉讲述了这个永远都不会成为父亲的男人的“三千”个诱惑。

在巴黎，一个名叫吉约坦的医生，为同样的困境发明了一种根本的解决方法：断头台上的谢尼埃通过敲打自己的心脏表示反抗，呼喊出他终极的抗议：“但是，我在这里还有一些东西！”这都是徒然的，跟身首分离没有什么关系。

玛丽能够在自己不知情的情况下提出那些无意识的追问，进而让她变成预言家，是因为她和雪莱这样的男人有着亲密的关系。一个像其他所有人一样，被欲望所占据的男人。他是唐璜，但他并没有恬不知耻。他坚信自己需要写出一部作品来解答心中的困惑：在欲望是无休止的情况下，如何在爱一个人的同时，不去侵犯他被爱者的身份？

雪莱抱着极为真诚的态度，全身心地相信人性可以通过爱情重生。可他却不无绝望地旁观着自己的生命被爱情摧毁。或许他是第一批根据一个现代的问题去生活的西方人，这个提问是上帝死亡后的遗产：既然欲望是无罪的，人类是否可以从对他人的侵犯中免罪？

雪莱回答道，根本没有侵犯，他都是以爱的名义来完成生命中的事。并没有任何的违反，爱情难道不是一种普遍的合理性吗？这样的一种构造要求通过无数的否认来搭建。没有嫉妒，也没有负罪感，为了保护一种“什么都能做”的根本幻想，我们需要对内心那些表述着真相的信号装聋作哑，而这种幻想常常与“什么都能要”的概念相混淆。当内心的矛盾和真相变得过于危险，他就吸食鸦片，或者是转向他的理想，他唯一的对话者。

本质上，这其实是一个普通青少年的故事。而这个故事来源于一个男人生命中最初又最根本的体验，即父亲的身份，从根本上调整和改变了整个故事。只不过，雪莱并不想成为父亲。他对自己父亲身份的认同之路被切断了。他的父亲和所有那个年代的话语跟他讲述着另一个年代的现实，这现实变得很陌生，他只能看到外在、谎言和虚伪，没有什么可以帮助他成为一个成年人。于是，每次他自己的孩子出生时，他都会崩溃。

他在哈丽特生下艾恩瑟的时候离开了她，当她怀着小查尔斯的时候，他决定永远地离开她。玛丽生下他们第一个女儿的时候，他就生病了，在她生下克莱拉的时候，也是同样的情况。只有威廉让他在自己身上加强了对“父亲”这一身份的认同，或许是因为他的名字和葛德文一样，而尽管他们之间有各种矛盾，但是葛德文在他心目中，代表着真相。

玛丽怎么去理解这一切，我并不知道。但是她是一位母亲，是生命和传承的守卫者。她敢于通过自己的文字，靠近那些在她身上灼烧的地带，那里燃烧着她的忌妒和怨恨，还有结冰的地带，在那里她预感到一种因为没有律法而被摧毁的命运。

她知道那个怪物拥有实现欲望的强大力量，并且写下了《弗兰肯斯坦》作为一部悲怆的请愿书。她的预言有两面性，既特别又普遍。

“不要惩罚我”，她和她的父亲说，同时也说给那些未知的力量和命运。“快停下，我们正在创造一个怪物”，她和雪莱说，同时也说给她的后人，说给能听见的人。她知道，不加约束会吞没他们所有人。但是，那些父亲没有做的事，女人是否可以做到？

玛丽真的应该听听雪莱和拜伦之间充满激情的对话！她作为年轻女性的直觉本该深深地穿透这两个男人的精神生活！她是那样地注视着他们的存在！

没有什么可以阻止他们。只要是他们所渴望的事情，他们都会去做。理性变成了合理化，这种对“欲望”的崇高托词，他们自己都没有意识到。不论是父亲、威胁还是直觉，都没有办法阻止他们的急躁、权力，和对寻求证明骇人的渴望。从本质上来说，玛丽并没有看清，这些与父亲决裂的青少年之后会变成什么样的男人，他们对社会的反对毫不在乎，他们也不在乎心中发出的信号，那些信号本能够告诉他们男人和女人之间所经历的种种联系的实际含义。

拜伦在英国留下了两个女人和两个孩子：他的妻子以及小阿达、姐姐和梅朵拉。值得注意的是，乱伦在拜伦的生活、雪莱的作品和浪漫主义者所关心的事情中占有了非常根本和关键的位置。“为什么不呢？”像是他们永恒的问题。他们在行为、挑衅和史诗中提出这个问题。

他们是否知道，角色的混淆会播下毁灭、疯狂甚至是死亡的种子？身份分离的缺失，会让绝望和暴力涌现？身份并不是赋予人类的，而是那些区分不同的语言行为构成的？这些身份又被废除它们的行为所瓦解？

或许某个父亲可以告诉他们这件事，或者是出现在他们的生命里来解释这样的一种理解。但是父亲们不过是过去社会秩序的楷模，而儿子们已经无法从他们身上得到任何东西。而且，有哪个父亲会说一些自己都曾经反抗的禁忌?

在一种不可避免的、为保护文化秩序的转变崩塌之际，玛丽只有自己一个人面对这一切。她已经知道对父亲身份定义深深的缺陷在拜伦和雪莱身上所留下的印迹。她看到了，父子关系对于拜伦来说是不可忍受的，而雪莱则在他的小女儿出生的时候就很明显地表现出来，父子关系在他的生命中很少出现，在他突然的死亡之前，既没有位置，也没有给它命名。

玛丽感受到了他们想象中的放纵并没有宣告那种艰难的自由，这种自由，是意识到他人的解放和屈从内心的法则。她察觉到，他们的反抗隐藏了一种对所有律法的抗拒，他们的挑战却饱含着一种绝望的呼喊，渴望得到一个不可能得到的答案。

在爱情，或许也是在绝望之中，她只能一页接着一页地写下她的预言，然后慢慢展开她的想法：科学制造出一种生物以满足她的求知欲，这一点都没有解决男人和女人在为人父母时所产生的有益的相互区别。当一个科学家试着通过技术的工具模仿造物者母性的力量时，他并不会从作为父亲的包袱中解脱出来。与思想的强大力量相联系的自我生殖的幻想所带来的后果是死亡。理性的梦想产生的是一个怪物。

可是，在维克多的作品中，理性是否还存在？玛丽描述的更多的是激情：在整个制造怪物的过程中，维克多既没有想到他的家庭，也没有想到伊丽莎白。“他既忘记了花朵，也忘记了树枝抽芽。”玛丽让他观察自己：“每天晚上，一种漫长的灼热让我透不过气来，我的焦虑达到了一种非常痛苦的程度；一张纸片的掉落都会让我颤抖，对我的朋友，我避而不见，就好像犯了什么罪似的。有时候，我看到自己的样子不觉一惊，原来自己已经变成了这样一个失魂落魄的人。支撑我的只有自己的决心。”

几十年后，克洛德·贝尔纳在他的《实验医学研究入门》中写道：“生理学家不是世界上的一个普通人，而是一个知识渊博的人，他被自己所追求的科学思想抓住、吸引：他再也听不到动物的哭叫，再也看不到流着的鲜血，他只能看到自己的想法还有那些藏着他想要揭示秘密的器官。”

克洛德·贝尔纳还认为“那些用思想来判断事实、如此不同的人们，不可能永远都无法相处……”还有科学家只应该考虑其他能够理解他的科学家们所持的意见，并且只根据自己的意识来选择行为的准则。[1]他认为自己已经描述了科学家，事实上却把他们描述成了一种偏执狂，把意识缩小成了唯一的想法，十分蛮横地认为这思想里包含了一种终极真相，他把一个活人看作是一个反抗他要求的器官，同时拒绝与他人相处，克洛德·贝尔纳非常准确地描述出了他们在科学工作中偏执狂的一面。

玛丽对关于认知的所有偏见都毫无知觉。可是她无意中上的一课却非常充实。在她眼里，知识不应有任何受指责或是危险的地方。

---

[1] Rapporté par Claire Ambroselli, *L'Éthique médicale*, coll. Que sais-je? PUF, 1988.

但是这是因为她没有考虑在以知识为借口的背后，那些所有的激情和控制的顽念。她在不恰当地使用智慧的同时，感受到了对力量的渴望。她将思辨的艺术，还有所有从经验中得到的合法化与另一种道德的理性化区分开，后者对她而言是人类的美德。

在强调客观性的背后，她看出了理论系统性机械和物化的一面。她感受到了一个实验室造物的恐惧，它的出生在性和爱情之外，而这正是人类经验中关键的交流，它既是一种失控，又是与他人微妙的接触。她猜到了最可怕的事，是将别人当作一种满足难以平息激情的工具，一种在冰冷的实验室里，突然揭露“真相”的物件，而这些真相恰恰在它自己身上。她预感到，这样一种毁灭性的激情只是因为掩藏着对自我认知的欲望而变得如此激烈。

对于这个没有文字的问题，她知道，永远没有任何一个实验室能给出答案。幸好，她知道包含着这希望的是哪种幻想。当“他人”成为一种知识的物件，她就像中了邪一般，失去了所有在人类交流复杂性中本该自己学会的东西。对于“我是谁？”这个支持着维克多骄傲的问题，这不是一堆器官，甚至不是他对生理学法则的认识所能够解答的。玛丽几乎是通过他，提出了这个根本的问题：但是为了这样的研究，他们失去了什么？

这个造物本该更加成功，更像一个真实的人类，他应该由一些模仿皮肤、眼神、器官的更加柔软的材料拼凑而成：它本不该引起这么多他人的排斥。它的丑陋是一种隐喻，与其说是对它本身的描述，不如说是对控制关系的描述，它就是在那关系中产生的。

这个怪物没有名字，既没有父母，也没有童年，它完完全全是一个研究的对象，因为维克多没法在自己身上实践来探寻自己的根源和自己的身份。这个怪物是对一个从未提出问题的答案，玛丽用她强大的感知力来表现这些关系。很快，对于维克多来说，就不会再有“他人”了，既没有父亲、家庭，也没有朋友或伴侣。怪物让他们全部消失了。只剩下维克多和他的问题、维克多和他的答案、维克多和他的疑惑，在不可避免和充满憎恨的追逃中，最后将他带离人间和时间性，进入了永远沉默的坚冰之中。

所有现代人表现出来的对《弗兰肯斯坦》的兴趣或许是因为其超自然性、恐怖和威胁，这些既不是魔术，也不是巫术，而是从最现代的科学研究中产生的。但是同时，每个人都能感受到维克多在他疯狂的工作中体现出的没有限制的激情。他们也能预感到，这种快乐可能会让他最终把自己也变成一个物体，然后被自己创造的东西所吞噬。也许这就是所有极端可怕的事，甚至是被魔鬼附身的一种典例：“人类的意识没法做到通过占有和控制，却是通过剥夺和释放来创造”[1]，玛丽·巴尔玛丽写道。

这个怪物是维克多的东西，他可以不受任何处罚地抛弃或者逃离它。没有任何法律能够惩罚他。接着，这个怪物因为被剥夺了所有通过话语、认同和命名来融入某种集体的可能性，他开始转向一种掌控，也就是他产生之处。通过掌控死亡，杀掉维克多的所爱之人，他回应了他生命最初的掌控。在玛丽把这个怪物塑造成一个为爱情沮丧而被迫成为的杀手时，她被某种未知的力量督促着书写，发出了一声呐喊

[1] Marie Balmary, *Le Sacrifice interdit – Freud et la Bible*, Grasset, 1986.

抗拒象征的坍塌，这是将他人工具化和相异性取消的必然结果。

18 岁时，因为受不了思想和恐惧的泉涌，一种幽暗的力量逼迫她开始写《弗兰肯斯坦》，这科学的阴暗直觉占据了认知、疯狂的空间，而疯狂又以科学之名占据了欲望的空间。

10 年之后，玛丽把《最后的人》作为西比勒的预言，写道："人类曾经拥有过一种信念，而鼠疫不会是人类毁灭的根本原因。将要来临的时代就像一条充满力量的河流，一艘狂热的船逆流而下，将死的船长知道他不应该害怕这明显的威胁，尽管危险很靠近自己。越过危险的礁石，冲破幽暗而动荡的水域，他看到了远处陌生又粗略的轮廓，他将被带到那里，无法抗拒。等待我们的是什么呢？啊，如果有某种德尔菲式的神谕或是某个皮媞亚能够解开残忍的斯芬克斯之谜就好了！俄狄浦斯，我也会成为他，我不应该玩弄着一个谜语，但是我生命中的痛苦和折磨将会帮助我解开命运的谜，还有一个谜团的秘密，对它的解释将会给整个人类历史画上句号。"

索福克勒斯、弗洛伊德和兰波，这样的天才都缄默了。

▶▷ 从幻想到现实

"看到这颗卵了吗？我们就是用它来推翻所有神学流派还有世上所有的寺院的。"——德尼·狄德罗，《与达朗贝尔的谈话》

启蒙时代对于知识有种狂热的追求。19 世纪将兴趣最终转向了实践层面。笛卡尔的逻辑让经验臣服于思想，而 19 世纪的理论主义根本地建立在经验之上。

数学归纳法开辟了通往发现的道路。约翰·斯图亚特·穆勒借助一些检验数据将验证的规则系统化。这样态度下的生产力是显而易见的，他为自然科学提供了一套既灵活又深入的工具。

经验的重现、检验、可测性和不可驳斥性——对于眼睛所看到的——常常是具有欺骗性的，这些因素都让经验在思想中占有一定的权力。19 世纪的科学家们为经验可证明的优势所迷惑，很快就成了事实的崇拜者。

到处都涌现出精彩的发现。1822 年，菲涅耳提出了反光的理论。一年之后，尼埃普斯提出了照片的重要原理。1826 年，洛巴捷夫斯基发表了非欧几里得几何的研究论文。1827 年，欧姆归纳出了电流的根本原理。一年之后，威勒实现了第一种合成有机物，即尿素。1834 年，雅各布·帕金斯发明了一种人工制冷手段，摩斯完成了电报最初的实验。1859 年，达尔文发表了《物种起源》。1860 年，布罗卡发表了《动物普遍杂交与人类特殊杂交的研究》。1862 年，傅科测出了光速。1865 年，孟德尔建立了遗传定律，克洛德·贝尔纳发表了《实验医学研究入门》，巴斯德解释了微生物世界的重要性。

这个世纪末，伴随着弗莱明发现了染色体、赫兹发现了电磁波、皮埃尔·居里和玛丽·居里发现了镭，似乎一切都准备好以一种更快的速度转变。接下来就是相对论的发明、原子的分离，还有 DNA 分子结构的发现。

奥古斯特·孔德的实证论宣称结束了人类智慧的有限状态。他要求科学在单一的主体上构成不可分解的、与我们思想独立开的、关于宇宙的真相，以促进人类的进步，从而让科学的研究与社会紧密地联系。他认为自己能够描述世界。但事实上，他是在自己构筑一个世界。仲马曾经预言化学可能与生物竞争。而贝特洛被科学无法抗拒的力量征服，想象着人类通过科学可达到的宏伟的未来，例如在 2000 年，人类的食物会变成一种含氮的薄块。

1848 年，勒南宣称："科学是一种宗教。只要有科学就能解决人类永恒的问题，这些问题一直急切地等待着一个答案。"到了威廉·詹姆斯的时候，他表明："一种想法因为有用而正确，而它有用恰好是因为它正确。"他将一种可操作性的思想放入了一个闭环中，认为这种思想是有未来的。而这恰恰是思想所有远离理性的方面。当唯科学主义异常充满能量的，向前推进、闪耀着希望的同时，实证主义让人类产生了对自己的崇拜。

谁能说清楚现代人是什么时候诞生的？哪个发现改变了西方思想？哪个开始才是根本性的？就好像试图找到机器真正成功地改变人类生存条件的那个精确时刻一样，这些问题没有什么意义。但是，当从 20 世纪末人类提出的问题中考虑 19 世纪初时，一种真实的变化会引起我们的兴趣。

狄德罗和布冯早已预感到了物种变化论。卢梭早已强调了自然选择的重要性。当然，对造物产生怀疑也是很正常的，其中，以居维叶为代表固定论派的假说就是这种怀疑忠实的拥护者。1809 年，拉马克提出的对于物种变异性的想法引起了争议。接着，若弗鲁瓦·圣伊莱尔在他的解剖哲学中表达了自己支持拉马克的物种变化论。这件事引起了很大的反响，连科学院都牵连其中。居维叶暂时赢了，还获得一批千年传统的支持者。

但是古生物学的新发现再次引发了讨论。在达尔文的五年环游世界之旅后，他隐匿在伦敦附近，就好像被他发现和发现之间关联的无限性牢牢抓住，慢慢地、小心翼翼地收集着物种不定性的证据。

时间倒回到 19 世纪中叶。《物种起源》不仅仅是一部天才生物学家的作品，它更是开启了人类思想史上一个新纪元。一时间，所有的注意力都集中在了已灭绝动物的代表上。我们这个物种的起源是什么？我们是否会发现太古前的其他人类？人类的动物直系尊亲属应该是达尔文合理的发现。我们在 1856 年发现了尼安德特人，1868 年发现了克罗马侬人。

另外，当比沙在解剖学的工作渐渐得到认可时，显微镜将无限小的东西展现在我们眼前。这是新的谜。那么，雨果·冯·莫尔所命名为“原生质”的又是什么东西？一个细胞只能从另一个细胞里来吗？生命科学的问题被物种变化论者们在争辩中提出，意味着生命科学即将迈向重要的新阶段。

自然科学则将创世纪逐出了人们的视野，取消了对每个人统一的描述，也包括人类的起源。科学发现将对于人类最原始的描述和意义从天堂驱逐了出去。亚当和夏娃，亚伯和该隐，这确实是一个创造世界的故事，而且，在每个信仰犹太教和基督教人的精神生活中，这是一部神圣三部曲的代表，汇聚了所有的不同：性别的不同和世代的不同。世界当然不是这样开始的，但是对于一个男人和一个女人，这代表着他们自己的故事：亚当和夏娃，因为欲望，有了一个孩子。

当“我们从哪儿来？”这个问题在变成“我从哪儿来？”的时候，

其严重性往往会增加两倍。或许，《创世记》里的描述并没有正确地回答人类是如何产生的。但是，它正确地揭示了一个孩子是怎么来的。这也许有着另外的重要意义。因为这揭示了性别的不同，表现了两性之间的相互吸引，以及这种吸引的结果。在狄德罗编写《百科全书》中“享乐”这一条目时也没有违背其真实的意义，他解释道：“这是一种能够延续生物链的享受。”

当人类起源的这个故事被抛弃之后，科学立刻进入了人们的视野。人类一直以来都自认为是一个男人和一个女人的孩子。接着，人类开始被放在一条长长的链条上进行默默的转变，渐渐地与谦卑的动物世界区别开。这将是一种什么样的矛盾？弗洛伊德强调这一点是多么的智慧！没有了上帝，人类就自认为是自然的主人和拥有者！他们永恒地被自己身上的寒冷、饥饿、恐惧和欲望所缠绕，这负担来自人类的身体。

19 世纪，进化论者创建了猴子与人类之间的亲缘关系。进一步地标志了所有隐喻的废除，20 世纪的时候，将有人提出人类的孩子是母猴生出来的。

随着创世理论渐渐地失去它的可信度，所有通过宗教来解释的有关于人类的知识都在渐渐失去权威。上帝的死亡让人类变成了孤儿，虽然上帝曾经似乎一直是人类的父亲，但他们不是因为失去上帝而变成孤儿，而是因为失去了父辈们传承下来的东西。这种空虚是不可承受的。科学变成了一种信仰，而误解将永存。科学渐渐地垄断了所有知识和理性，直到让人们忘记，其实并不是所有事实都是科学性的，远不是这样。

就像世界每一次新的动荡，父亲与儿子之间的裂痕越来越大，传承、认可、身份认同之间，一种求知的强烈欲望正在滋长，却不断地错过了它的目标。科学逐渐地变成了一种新功能的载体，这种功能对它的职能造成了一种真正破坏：它蔑视、贬低父亲，但是父亲无论是在话语中还是沉默中、不论他们做了什么、幸福的或是笨拙的，他们都代表着一种永恒的或是我们曾经这样认为的真理：时间。

再一次，我们将过去“从桌上擦去”。这确实解放了一片巨大的空间。这必然的结果却没被等到：“我们什么都不是，让我们来变成所有”，人类这样唱着，膨胀的胸膛中塞满了事业虚假的诱惑。因为人类急迫地想否认自己的局限性，现代极权主义是否就是诞生于这“所有”？

科学当然不能给所有的问题都提供答案，尤其是那些关于压迫的问题。但是人类还是愿意相信科学能够给出所有答案，而且实证主义给他们提供了一种幻想、一种线性和无限的提升。唯科学主义者为科学发现与人类进步的混淆、知识增加与社会或道德幸福感的混淆而感到兴奋的同时，承诺了一些他们没办法做到的事。

除非他们创造出自己的东西。当人类已经被缩减为一个可以用科学来解释的器官时，他们就会以一种可测量物品的形式出现，并且获得与自然科学同等的地位。这种思想上的变革终将导致科学全方位的统治。人类会向科学索要一些本不该由科学回答的问题的答案。[1] 当人类变成了亚当和夏娃的弃子时，人们再也不在言语上遭受

[1] Voir Bernard Edelman, «Critique de l'humanisme juridique», *in: L'Homme, la Nature et le Droit*, Christian Bourgeois, 1988.

折磨、制造纠缠不休的问题，而转到了行动上。人类经验和传承的时代已经过去，紧接着到来的，是实验的时代。由于这个时代与记忆和传统分开，它将会转变成一种单纯的积累。很快，它将会被我们砸碎。

奇怪的是，时间性，好像被法令驱逐出去之后，再次回到了乔治·斯坦纳所称为"时间脉搏的加速"[1]中。有些事似乎要发生。这个忘了过去的世纪，正在飞向未来。

就在人类刚刚拥有一个法则能将他们置于公正、联盟、互利和义务中时，达尔文生物学出人意料的结局即将出现。事实上，达尔文创建了两种新的概念：生存竞争和物种的自然选择。进化论给人类提供了一些新的模型和描绘，而且即将催生出在法国和德国极为活跃的人类社会学流派。戈宾诺的《关于人种不平等的论文》在1854年出版。

1883年，高尔顿提出和定义了"优生学"的概念。优生学是"让后代更加优秀的科学，并不限制在合理性的问题中，但是，尤其是对人类来说，会产生一种可能的影响，让品种更好的人有极大的机会战胜那些品种不那么优秀的人"。[2]建立一种选择主义道德的路就这样打开了。

《社会选择》的作者瓦舍·德拉普日在一场蒙彼利埃大学的政治科学课上说："每个人都与所有的人类和生物类似。所以，不存在所

[1] Georges Steiner, *Dans le château de BarbeBleue. Notes pur une redé nition de la culture*, Gallimard, 1971.
[2] Rapporté par Claire Ambroselli, *op. cit.*

谓的人权……人类失去了旁观者的特权，也不再是上帝的形象，他们所有的权利和其他的哺乳动物一样——甚至‘权利’这个想法就是荒唐的——只有力量的区别。”

这来自一个种族主义理论家的宣言使人感到深深的不安。在这些人的脑海里，他们自己的形象里还有与他人的联系中，到底发生了什么？这几十年间，几个世纪以来支撑西方人解释自己来源的《创世记》被这样废除，会不会造成一种心理上的灾难、一种无意识的灾难？亚当和夏娃突然的消失是否会在人的心灵中砸出一个洞？人们寻找着诺亚的父亲，然后他们找到了尼安德特人。他们自认为是按照上帝的样子造出来的物种，然后他们发现自己其实是一种哺乳动物。没有一种住所能够限制住他们的流浪，再也没有了文字住所。在科学中，现代人将要去选定他们的住所。遗传学的时代将接替《创世记》的时代。

有人说，再也没有什么能够拯救人类的人性。这多么奇怪啊！瓦舍·德拉普日突然写道，就好像人类突然被剥夺了所有身份认同感的标识，急切地抓住他们可以向科学借助的东西。哺乳动物人类再也不是人类了，而仅仅是哺乳动物。人类与动物最根本的区别被取消，包括语言行为、文化、艺术、人类的组织，那些所有代表着人性的东西。

在伟大的人权宣言之后，就是一种对于无知新认识的宣言。但这更像是另一种知识的崩塌，这艰苦的知识是前面好几个世纪的积累，关于从动物到人类微妙的衔接。我们会想起帕斯卡尔大概在两个世纪前写道：“让人类过多地发现自己与野兽其实是平等的，不向他展示他的伟大，是一件很危险的事。但是人类之间的互相不了解是更危险的事。如果让他们互相介绍认识，将是很有利的事。人类不应该认为自己和野兽是同等的，或是与天使同等，他们之间也不能相互漠视，而是需要相互了解。”[1]难道我们忘了，为了避免兽行，我们不应该完全地去否认身上的动物性，而是谦虚地承认自己身上存在的那一些兽性吗？

所有的这些引起了很多有趣的言论。就在这种语言环境中，另外的人类将出生和长大。1887年，还是瓦舍·德拉普日，预言了即将到来的灭绝：“我相信”，他写道，“在下一个世纪，成百万的人类将会为了一到两度头颅指数[2]的变化而互相残杀”。[3]

1914年，地球被点燃了。1918年，和平的恢复正好遇上了第一次人工原子裂变。第一次世界大战不过是一张草图。

关于人类、他们的理性和激情、被迫不协调的远古的问题，弗洛伊德有另外的说法。他将人类的性欲命名为力比多并且表明了这是生命欲望根本的载体，勇敢地将性欲与负罪感分离，虽然这负罪感在基督教的文化中占据了几个世纪。弗洛伊德当然不是无知的，而且他明白，人类对欲望抱有敌意是很有道理的，因为他们身上的欲望太强大了。他把冲动定义为来自器官的内部推力，并且要求满足感，但是他又展现了这种生理冲动与心理机制的不可分离性，也就是说随着故事的发展，尤其是孩提时代的故事，冲动会有改变。

---

[1] Pascal, *Pensées et Opuscules*, article troisième, « La grandeur de l'Homme ».

[2] “头颅指数”是脊椎动物头颅的尺寸，人类学中用这个来区分“人种”，常被批评为“种族主义”。——译者注

[3] Rapporté par Claire Ambroselli, *op. cit.*

最后，他还表示小孩慢慢成人的过程，并不是外界赋予的，这过程展示了他构造历史的全部复杂性，例如性别和口才。

他对理性的担忧从来没有中断过，他甚至以自己的名字来承认和命名那推动着人类同时却阻止他们的幽暗力量。他将实现理性化作为一种无法达到的理想状态，并且明白，科学和文化的进步并不会转化人类最原始、野蛮的冲动。

这就是一项巨大的工作。但或许当强制人类通过听到话语来听到真相而非仅仅通过眼睛来辨别时，将会更难。

▶▷ 灾 难

> “因为他的眼神不是一个人看另一个人的眼神；如果我可以彻底地解读一下这种眼神，这来自两个不同世界生物之间的眼神交流，就好像是隔着水族馆的玻璃，我就能以相同的方式解释纳粹德国的疯狂。”——普莱默·莱维，《如果这是一个人》

优生学（Eugénisme）：“eu”在希腊语里代表“好、坚固”，“genos”表示“出生、种族”。这个由高尔顿提出的概念在解释了词源的同时，还甩掉了对于一种受人尊重的起源幻想的包袱，这种起源就像是一种人类的担保。或许是因为这种起源是更高贵、更干净的，而不是像人类的后代出生时那样浑身湿漉漉的。

这些描述是怎么通过秘密与话语联系在一起的？又是什么将这些话语与身体联系在一起的？这是一个不断更新的谜……

1933年，一个新的冰期向人类扑来，永恒的憎恨又笼罩了地球。这种在历史层面上的控制扰乱了这个世界，打破了所有界限。这儿，是谁的皮肤、头发，那儿，是谁的牙齿、骨灰、脂肪、眼镜、鞋子，在一场无尽的旅途和黑夜的入侵中，它们只是可怜又可笑的装饰品。“重组、破坏”（désorganiser）显示出了它的字面意思：将身体分块、撕开器官。

除了我之外的其他人正努力地在为那些没有被命名的事物命名，去理解那些不属于理解范围内的事物，他们比我更有权威去做这些事，而我在他们的工作前致敬，就好像我在那些被纳粹疯狂的毒气终结的生命前致敬，这活跃的毒气注定要让当地人也染上恶臭和虱子。

普莱默·莱维强调了不理解纳粹主义才是合理的，因为理解纳粹主义，就好像给一件毫无道理的事找一个道理。“为什么”这个问题显得很荒谬。但是“怎么样”这个问题却值得被提出来。普莱默·莱维还写道：“在重读纳粹故事的时候，从开始的骚动到最后的动乱，我没有办法摆脱一种不受控制的疯狂氛围，而这好像是故事中唯一有的氛围。”[1]他强调了纳粹无法解释的、想要完成他们灭绝计划的急迫感，即使在战争最后变成防御战时，他们对军事火车仍然非常看重。另外，乔治斯·斯坦纳指出，他们对要灭绝的对象，有着一种不可解释的憎恨。[2]

普莱默·莱维还转述了希特勒的政治遗言，是他在自杀前的几个小时所说的话：“首先，我命令德国政府和人民严格地继续实施种

[1] Primo Levi, *Si c'est un homme*, Julliard, 1987.
[2] Georges Steiner, *op. cit.*

族法则，并且毫不留情地与所有民族的毒瘤——犹太区战斗。”

这种疯狂的语言是怎么样转化成行为的呢？这些字词怎么能够最终将身体撕碎？纳粹们是以一种什么样的速度、效率和催眠的能力将话语和事物联系起来的？对于一些心理区域上的控制是怎样真正能够控制住思想的？这就是那些拒绝一切分析的问题。

普莱默·莱维让我们研究法西斯憎恨的非理性根源："我们不能理解这种恨，但是我们可以也必须要理解它是从哪儿来的，并且要时刻保持警惕。如果说理解它是不可能的，那么知道它是必需的，因为已经发生的事有可能再发生，意识可能再次偏离和不清晰：即使是我们自己的意识。"[1]

如果对于希特勒的病理学研究不能解释为什么心理上的极权会转变成政治上的极权，那么这种研究可能会显得不入流。也就是说，我们想要知道的是疯狂对人的控制是怎样从无意识展开到文化中，并将文化摧毁的。

20世纪70年代初，一位在法国不太出名的美国历史学家鲁道夫·宾尼，在纳粹时期的历史学家们似乎已经挖掘了所有的资源之后，做出了一些非常重要的研究。[2]他展示了在希特勒的演讲稿中，重复出现的一些最为古老的含义，这些含义有着与生俱来的、有形而深切地唤醒最可怕恐惧感的功能。他突出了到处出现的主题，以一种形式或另一种形式，也就是肿瘤（犹太人）正在毒害母亲（国

[1] Primo Levi, *op. cit.*

[2] 感谢我的朋友，精神分析学家肖恩·怀尔德让我看到了宾尼的作品。我们参照的是鲁道夫·宾尼的《德国人中的希特勒》，还有肖恩·怀尔德的《希特勒：一种激情的超心理学分配因素》，载 *Cahier du CCAF*。

家），恶性细胞正在增殖。

在我看来，宾尼工作的最根本意义在于他的研究不仅仅是针对一些事实，而是在无意识中，对于这些现实可能的解读和回想。

德国就这样变成了一个母性的身体，并且面临着坍塌的威胁。这是每个德国人都能够在民族创伤和1918年失败的耻辱中感受到的。癌症和毒药，让人联想到希特勒自己生命中一件关于“被剥夺”的事件：1907年，他的母亲因乳腺癌过世。当时，人们已经对她母亲的治愈不抱希望了。绝望的希特勒从爱德华·布勒西，这个治疗他母亲的犹太籍医生那里拿到了一种极端的药方。那就是碘仿纱布条[1]，这种药是敷在开放性的伤口上的，在那个时期已经有应用，但是因为它具有毒性，所以被认为是一种危险的药。在接下来的几年，希特勒逢人就说自己对母亲的死也要负一部分的责任。

宾尼展示了在1934年他演讲中的这个段落，这场演讲表示了他为最近的一场屠杀负责任：“我命令烧毁、根除来自内部和外部的毒瘤，直到深入肌肤的程度。”而这外部的毒瘤，指的就是犹太人。

罪恶含义的罪恶路径，如此的罪恶以致人们不敢追随。在实行所有勾结的同时，希特勒把自己塑造成了创世神般的医生，成为病入膏肓的德国的救世主。

不管是宾尼还是其他任何人都不能断言所有的纳粹主义都可以这样被解释。更不用说那些关于憎恨无意识源头和疯狂传染性研究的作用，它们也无法赦免一个民族的罪责。而且，这还不是唯一的

[1] 肖恩·怀尔德聪明地发现在德语中“碘仿”（Jod）和“犹太人”（Jud）的词根很相似。

危险。正像乔治斯·斯坦纳所观察到的，“当我们过度地探索丑陋事物的时候，自己不可能不受到污染”。[1]这种精致而腐朽的攫取展现的就是肮脏的特质。

也许应该将目光离开恐惧和精神病式的去隐喻，这种隐喻的消失，意味着一字不差地去理解着有象征性含义词汇的本意，将不能被思考的事付诸实践。但是这个过程不应该在尝试与它分开之前，这是对一件事唯一有用的一丁点实话，也是今天我们可以断言的：无意识公然表达出了对无法控制和转变的恐惧，我们对这种表达方式和机制的定位是缺乏理解的。

如果我们不去深入地理解极权主义，尤其是纳粹主义所依靠的心理学基础，还有那些古老的表达与致命暴力之间的关系，我们将无法对此获得更多的了解。或许我们这代人已经足够成熟去做这项工作了。

自20世纪初，从爱伦坡到史尼兹勒，从卡夫卡到威尔斯，所有的西方文学都表示出了一种对灾难预先性的焦虑。弗洛伊德在第一次世界大战之后将死亡冲动的概念理论化，也是在1925年希特勒的《我的奋斗》出版的两年之前。从这个时间开始，他的作品从个人和集体的层面表现出了一种对于不断加强的非理性化的担忧。一些作品，例如埃恩斯特·韦斯[2]的作品中不断地出现“医生杀手”的形象，预感了一种正在酝酿的厄运。

荣格在他生命终结之际说道：“通过观察我的病患，我本该预言

[1] Georges Steiner, *op. cit.*
[2] Ernst Weiss, *Le Témoin oculaire*, Alinéa, 1988.

到德国纳粹的出现。我的病人会梦到一些事情，这些事情完全是预兆性的，并且有大量的细节。我非常肯定，在希特勒之前的几年，甚至在希特勒到来之前，应该是1919年，我很确定在德国有某种威胁，某种巨大的、灾难性的事。我仅仅是通过观察无意识就能知道。”[1]

美国历史学家劳埃德·德矛斯曾致力于对所有出现在国家危机尖锐时期，例如战争时期，公众人物言论中的图像和隐喻做分析。将这些话在上下文之外单独拿出来看，他发现了关于“痛苦、令人窒息的分娩”这个主题接连不断地出现，像是从一个刚出生孩子的视角来看的。他对这到处出现的主题：一场艰难的生产，感到十分惊讶。[2]

宾尼在报告这些研究的时候，说出了他自己的困惑。这对于一个历史学家来讲没有很大的意义。而对于一个精神分析学家来说，有很重要的意义。他在“受困的出生”这个主题中认同了一些事，例如致命的紧急情况，例如人类过多的幻想。没有任何一种想象出来的表达能够比即将来临的危险更能说明未分化状态和身份混淆所带来的威胁。这种威胁所引起的最原始的恐惧与憎恨异常紧密地联系在一起。

另外，宾尼和劳埃德·德矛斯所做研究的相似性令人产生一种幻想，疯狂却又熟悉：与腹部相对应的是子宫，与孩子相对应的是毒药或癌症。母亲不是给孩子生命的那个人，而是将孩子关在不可避免的相互毁灭之中。孩子无法与母亲的身体分开，那是他出生的地

[1] Rapporté par R. Binion, *op. cit.*

[2] Rapporté par R. Binion, *Introduction à la psychohistoire*, Essais et conférences, Collège de France, PUF, 1982.

方，相反的，他毒害她，并且与她一起毁灭。这种疯狂的解释表明了对一种不加限制的结合 / 混淆、一种区别化失败的引诱和恐惧。

出生不就是产生区别的初体验吗？而极权主义不就是禁止所有区别的产生吗？

纳粹为了不让怀孕的女性分娩，将她们的双腿锁起来，把“不出生”“不互相分离”在这种绝对的恐怖中付诸实践，在我看来，完成这种实践是一种深刻、已实现的、未经思考的极权主义，包含着疯狂的本质。他们“为了测量”人处在几度时会停止生命而将受害者的身体浸入冰水中，这是通过行动来探索那些悲凉的心理区域，那是玛丽曾经通过文字经历过的区域，这每个人都曾经面对过的区域。人类，已经失去了或许是他最为珍贵的东西：隐喻，这扇表达的拱门一直帮助我们抵御着某天可能坍塌的天空。内心的地狱已经渐渐显出地面。

当最原始的冲动闯进现实中，人类开始失语，并且拆解了词语。20 世纪时，那些渐渐开始描绘艺术、理论、人类作品的词，是毫不留情的、抽象的进步。

胚胎的冻结、编号，将相似变成完全一样，这些是否都暗示着我们已经到了镜子的另一侧，在那里，隐喻的废除让镜子变成了玻璃，把语言变成了几个缩写字母？

这是一本布满了灰尘的书，它的封面依然是苍白的，放在我祖父留下的小图书馆里。那是一些褪色的作品，可怜的遗产。我读过这本书吗？或者我只是浏览了一遍？这本书让我们在靠近它时双手颤抖。它的名字叫《冥土记忆》。这本书是从匈牙利文翻译过来的，它的作者叫奥尔加·伦吉尔，她写的是自己在集中营的经历。

我很多年来都没有翻开这本书。我第一次发现这本书被细分成了几个章节。在我随手翻阅的几页里，我读到了这些："以上千个受害者的性命为代价，德国科学最终记下，在一定的温度范围和时间内，人类可以在冰水里生存。他们还精确地记载了人被不同温度灼烧多久之后会死亡。"

又是冰冻和灼烧。我想到了玛丽，想到了在大浮冰上弗兰肯斯坦的柴堆，想到了他直觉、恐惧的普遍特点，还想到了人类作为词语与冲动两者之间空间的守卫者的事业的脆弱性。

看遍了目录，接下来是"被诅咒的出生"，"集中营不是一个产科医院"。最后，我在"科学实验"中发现了下面的内容："在离我们营地 25 公里的地方有一个实验站，专门研究人工授精。他们把被监禁的人中最出色的医生和最美丽的女人送到那里。德国人确实对这些实验非常看重。很不幸，我没能近距离地观察接下来的工作，这个实验站戒备最严，很难进去。"这章的后续讲的都是绝育。

"人工授精"：几年来，我的直觉一直把我带到这个主题上。但是，当我发现它们除了叫法一样，事实上完全不是一回事时，我受到了猛烈的打击。我疯狂地寻找一个日期，然后找到了。这本书在 1946 年的夏季被合法地提交。再一次，"人工"这个词让我产生了无尽的联想。

►▷ 传承中的旋涡

"我们对一种从未经思考过的命运上瘾，却摆出一副主人的样子。"——雅克·泰斯达，《透明的卵》

1968年5月：出生在战争时期或者战争后不久的一代人到了开始理性思考的年纪。在婴儿潮时期出生的年轻人需要解决很多矛盾。出生在战后的消费社会，同时成长在一些依然以独裁、刻板文化为特征的机构（家庭、学校、大学、学习中心、军队）中，他们自己也充满了矛盾。他们体会着没有与他人真实交流生活的困扰，认为自己被剥夺了造物者的可能性，拒绝来自一个物质和表面世界中的束缚。

为了追求一种在他们眼中堕落的成人世界里找不到的真实性，他们投身到所有能够促进新型关系的斗争中，亲子关系、男女关系、雇主与雇员的关系以及医患关系。年轻人再一次完成了他们皮媞亚式的功能，即社会现状的揭示者[1]。

但是只有聋了才不会去解读那一群拥有相同的故事、年龄相似的年轻人，高喊着“CRS/SS”或是“我们都是德国犹太人”的一代人所说的话。再一次，他们与父亲一代人的争论也达到了顶峰——遗产里包含了一种致命的毒药；再一次，传承变得不能被接受。父亲的资质不再得到认可，他们的言论和价值观从两种解读来说都是错误的，首先是他们无力阻止刚刚摧毁了世界的绝对的恶，然后是他们无法找到准确的词语来形容这个他们已经不认识的世界。

一股普罗米修斯的风在西方世界吹动。通过正义和理性让社会变得更加人性化的思想正在强有力地树立起来。

噢，玛丽，你应该能认出来，那些充满热忱的对话，那些还未

[1] Voir à ce propos Henri Weber, *Vingt ans après, que restetil de 68?*, Seuil, 1988 et Edgar Morin, *L'Esprit du temps*, t. II, Nécrose, Grasset, 1975.

被生命的经验腐坏的理想，那些还没在现实中被实践的理论，那些震动人心的真诚宣告，对完美社会、重新统一的人性，与自己和解的乌托邦理想，一个被理性和爱主导而没有镇压的社会。自然，你永远也不会知道了，但是马克思让人知道，他私底下认为如果雪莱还活着，一定会坚持自己的理想，然后他会因为1830年之后的工人运动被称为“Red Shelley”，红色雪莱。

1968年后的社团不是在瑞士或是意大利的路上背井离乡，而是在去往拉扎克或是印度的路上。一千个玛丽，因为一千个克莱尔，承受了一千次死亡。就像玛丽一样，她们没有办法和自己说，更没有办法和他们的雪莱说，因为她们的理智禁止了她们的苦难。

10年之后，在无数因素的重压下，两性之间的关系达到了最为紧张的程度。而在实验室里，传统的曲颈瓶被更高效的器具所替代。无数的维克多向宇宙提出了数不尽的问题。他们开始探索。

在超声检查下取出卵细胞：女性体内的风景像是月球。那些流量和那些环形山对我来说都是无法理解的。我发现屏幕的边缘被刻了度数。在横纵坐标上的肚子内部……“横纵坐标”这个词让我想笑。听上去如此糟糕！一个如此无序的地方……由屏幕上的图像引导，用探针寻找着。这让人不禁联想到一些让现在的孩子非常上瘾的电子游戏。就像游戏里，目标被找到了。注射器吸出了一颗小小的、发光的粉末。孩子的第一个举动？不可想象……

腹腔镜检查法：对于别人来说是一种惯常的准备，对我来说是第一次。我现在就在这里穿着绿色的病号服。我安静地穿过手术室，并没有觉得很隐秘。毕竟，这是一次人类巨大的冒险，在这场冒险里，我的出现，或是它本身所代表的东西，只要不重复，就是合理的。而我希望，从这次冒险中能够再次引起认同的行为。今天，我接受只自己看，明天，我希望自己的声音被人听到。

但是，当医生让我上前时，我似乎看到了自己一如既往地被放在一个躺着的女人的头边，有些退缩，离听到她的声音有些远，她现在睡着了，我沉默了。作为一个精神分析学家，我已经习惯了躺在面前的身体，同样在我家，“我们肚子里有什么”也经常是一个问题。有时候甚至是孩子提出的问题。可是在这间手术室里提出的是“真实意义”上的问题，而我熟悉的是这个问题的“引申意义”。尽管很热，我还是打着寒战。这个没有隐喻的世界，不是我的世界。

没有什么可以看到的。只有一些简单的器具，在放大镜下有一些团块，是有颜色的、跳动着的。我试着告诉自己我看到了一个身体的内部，最隐秘的部分，而我没有任何感受。但是，一些不合时宜的想法出现在了我的脑海中。我发现，在这么多倍的放大之下，刺针就像一个炮弹。我想象着，今天在女性的腹部深处，明天在细胞的核心里，正在发生什么样秘密的战争。我尽力地驱赶着这如此不合时宜的联想，这联想的入侵让我感到害怕。

这卵巢里小小的灰色团块，被探测、穿刺，保持着它的神秘。不，那里没有什么可看的，既没有欲望，也没有悔恨，没有什么痛苦的过程（对他们想象中犯下罪行无情的赎罪），这是那么多女人——还有男人跟自己说的。刺针冷酷地分离了保护着卵巢的黄色粘连。创伤不在那里，也没有希望或绝望，没有什么隐藏的故事把这个年轻女人带到手术台上。为了实现她的欲望？可是什么欲望呢？为了否认对她来说代表母性的矛盾和禁忌？

突然间，我开始想，她到底……到底可能在做什么样的梦？

1978 年，路易斯·布朗出生在英国，这是人类历史上第一个无性繁殖的婴儿。新的获得配子的方法，与飞快发展的遗传学过程相关联，开启了令人眩晕的前景。在十年内，这是一场名副其实的雪崩。

1982 年，雅克·泰斯达和勒内·弗雷德曼的研究让法国的第一个试管婴儿阿芒迪娜诞生。20 世纪 80 年代初期，试管婴儿的成功率很低，在 1%—2% 徘徊。成功率低的其中一个原因是研究者们在条件非常有利的情况下，只在子宫里放一个胚胎。于是，他们把已经在养殖动物身上正式运用的技术转到人类身上[1]。

在兽医的操作中，人们发现将好几个胚胎放进一个母羊的子宫里，会大大提高妊娠的概率。于是就有人提议，通过激素刺激，让女人"大量排卵"，这样就可以同时有好几个卵细胞可供在试管内培育，因此获得数个胚胎用以植入子宫。因此，一次可以获得 2—4 个，甚至更多的胚胎。这个过程让试管婴儿的成功率增加到了 10%—15%。

但是这个过程会产生一些新的问题：多余的胚胎怎么办？如果这些胚胎都成功地生长了怎么办？

再一次，解决问题的方法来自工业养殖——多余的胚胎就简单地被冷冻起来。之后可以在这位女性怀孕失败的情况下或者她希望第二次怀孕时使用。或者这些胚胎也可能给其他无法排卵的女性使用，或用于科学研究。

---

[1] Voir à ce propos: Marcel Blanc: «Science et conscience», *Autrement*, «L'éthique, corps et âme», octobre 1987.

至于多次妊娠的问题，那些被认为不需要的胚胎就会在子宫内被毁掉。这个过程被称为“减少胚胎”。这个冰冷的方法和它掩盖的事实一下子就让人感到有些不适。我们不能忽视，这种方法来自一种严格的实用性原则的逻辑，并且走向荒谬。

关于这个，伯纳德·丰泰医生[1]曾经提到过威廉·斯泰伦的小说《苏菲的选择》，这本书的主题围绕着集中营幸存者的描述展开。在负责“选择”的医生的敦促下，苏菲必须在两个孩子中选一个送去毒气室，如果她不服从这个命令，两个孩子都会死在她面前。这时的她已经完全失去了理智，在发疯的边缘，最终指了自己的女儿。“她没有办法相信这一切都是真实的。她不能相信自己正跪在粗糙的水泥地上，皮肤被这地面啃咬着，紧紧地抱着孩子们，几乎到了快要掐死他们的程度，虽然隔了厚厚的衣服，但是因为抱得如此紧，就好像她的肌肤要融进他们的肌肤里一样。一种发狂的、绝对的震惊占据了她……‘别逼我选择’，她自言自语道，‘我没办法做选择’。”

就是这样，一个比他的兄弟们更幸运的孩子幸存了下来。

因此在几年间，关于“胚胎库”存在的事情就引起了尖锐的提问（优生学的风险或是官僚主义地操作生殖等）。从某种程度上来说，这些问题来自不加思考的、冲动的技术拼接。

1983 年在澳大利亚实现了首例通过一个捐献的卵细胞体外受精。1984 年，佐埃诞生了，这是第一个冷冻胚胎婴儿。1986 年在墨尔本，第一对“双胞胎试管婴儿”出生，他们来源于同一组胚胎，但是他

[1] Bernard Fonty, gynécologue-obstétricien, auteur de *Bonjour l'aurore! – Chemins de la mise au monde*, Joseph Clims, 1986.

们的出生相差了16个月。

同年，在世界范围内出现了自愿代孕的女性，并且形成了一些组织。在美国，一家名为“生育和遗传研究”的公司专注于将人类胚胎商业化。这个项目的工作非常到位：有市场调查，优质一手材料的选择、规划和发展前景预测。他们很快就获得了成功，并且公司还上市了。

1985年，一位年轻的法国女性，科丽娜·巴尔巴莱要求用他过世丈夫的冷冻精子，通过人工授精的方式怀孕。她没有成功，之后和一位活着的男性生下了一个孩子。然而这种用死者的精子做人工授精的做法却无不让人感到十分惊讶。有些人还沉浸在技术的功绩里，以“每个人都有权利生孩子，并且拥有选择生孩子的方式的自由”[1]为名，捍卫这个行为的正当性。另外一些人很难接受在父亲死亡后孕育一个孩子的神话，认为这是正在实现的人类幻想。

60年代，首先在美国，然后在全世界诞生了一批性别经过基因选择的孩子。1987年，一场诉讼反对“提出需求”的斯特恩夫妇利用“代孕母亲”玛丽·怀特海德，她拒绝将自己孕育的孩子“给”他们。但美国司法部门尊重合同上的条款，很快就结束了这场诉讼，这场判决废除了所有人类与商品的不同。

还是在1987年，一位在卡昂的年轻女子带着在左手臂上植入的卵巢过了三年。医生想通过这个手段保住她的生育功能，因为她在十八岁的时候，必须要接受一些抗癌的放射性治疗。因此当她想要

[1] Voir à ce propos R. Badinter, «Les droits de l'homme face au progrès de la médecine, de la biologie, de la biochimie», *Le Débat*, n° 36, septembre 1985.

怀孕的时候，可以在取出她的卵母细胞之后体外受精，再将胚胎放进她的子宫里[1]。这就好像我们在人工繁殖领域观看物化和专属精神病的身体图像分裂的出现。

最后，1987年10月，在南非，一位48岁的女性帕特·安东尼生下了一组三胞胎，这些孩子在基因上是她女儿和女婿的孩子。这个成就让她获得了史无前例的代孕外祖母的称号。这种会引起争议的医学成果引起了一些愤慨，比如，母亲/外祖母可能遭受的身体和身份认同混淆的危险，三个孩子可能因为自己的试验品身份产生心理问题。但是，人们还是为此庆祝，一方面是为了科学杰出的成果，另一方面是为了母爱。

再一次，有些人表现出了一种说不清的不适感：在这个家庭的亲属关系中，这三胞胎既是母亲的兄弟，又是母亲的孩子（基因上说），他们既是外祖母的外孙，又是外祖母的儿子（代孕母亲）。这让人联想到安提戈涅与俄狄浦斯、安提戈涅与伊俄卡斯忒的关系。这种混淆让思想变得混乱，而帕特·安东尼就像是伊俄卡斯忒的化身。

膨胀还是失控？

“科学”一直以来通过将人类生物物质定义为可变换的而非天赋的方式来试图消除幻想，而幻想现在又回到了自己的腹中。在所有有序的理性背后，神话中的神话，俄狄浦斯的灵魂被日趋完善。这种典范式的违抗揭示了一种前所未有的犯罪，那是科学的犯罪，还

[1]《世界报》，1987年6月7—8日。

有一种——在所谓的生命科学中时刻出现的——挑战法律的意图。求知欲的增强，试图操纵所有可能的热情，在这个层面上，可以被理解为一种对真相期待的转移：那就是给未成文的法律一些清晰的基础，传承就失去了它的作用。这个行为展现出的危险，比单纯的拼接更加令人担忧，这大型的去区别化运动的开始带来的损害所有思想源泉的威胁：身份的分离。

怎样去理解这样的情形？将想要孩子的欲望过度地医疗化，还有所应用方式的复杂性并没有解决任何一个人类的紧急需求。在这些工作之前，没有任何严肃的对于不育症的流行病学研究。不育更像是一个无意识的借口，来掩盖科学研究的真正目的。在人类对科学非常精彩的控制背后，似乎有一些不受控制的东西在躁动着。控制的膨胀本身可以被理解为失控。从小了看，男人和女人们处在时而充满希望、时而绝望的状态中，而有创造性的研究者和医生们则非常的专注。从大了看，在必要的技术进步的另一侧，有着其他混乱的力量，很难理解。

想要孩子的欲望，可以说是非常强烈，而困难更是加剧了这种欲望。但这欲望没有办法意识到现实的情形，例如在克拉玛的安东尼－贝克莱尔医院：花上三年的等待来让体外受精的成功率达到10%—15%。换句话说，三年的等待却为了90%的失败率[1]！这样的例子，甚至是医生，虽然很惊愕，也不得不承认，并没有显示出试管婴儿能有较高的成功率……雅克·泰斯达为他自己的工作做出了

[1] 1987年。

令人印象深刻的评论："从生物学角度来说，这并不复杂，这就是器官中的管道系统。我们应该在 50 年前就去做。"

在技术日趋成熟的背后，还有什么地下的、幽暗的、不可阻止的东西在成熟着？

公众大范围地听说了这件事，他们的态度在将信将疑、热情和担忧之间摇摆着。但是有一种感情战胜了所有，并且很难抵御，那大概就是震惊。

不仅仅这其中的每一个发现都与我们的起源有关，还意味着会触及一些被特别赋予的心理区域，这些区域对压抑有好处。但是这些发现如此快地涌现，以致给人一种事情已经发生了的感觉。技术的加速发展让这些发现有了一种像是幻想闯进现实的感觉，一种像是生物界的"德奥合并"。无意识在那里既无延迟又不打草稿地展开。这种闪现解释了其引起的惊愕和思想的停滞。没有人能逃出这种诱惑，不论是学者还是其他人。在世界各处建立起来的伦理学委员会，突然被各种不知名的问题、在人类历史上闻所未闻（词源学上的意义：人们从来没有听说过）的场景所淹没。

那些被咨询的专家一下就被放到了一个"怎么做"的状态之中，这是一种焦虑的回应。他们的注意力因为一些从未出现过的关于亲缘关系的问题被转移到了下游，这些问题打破了亲子关系本该拥有的权利。普遍的兴趣转向了这些新生婴儿的命运，使上游的问题消失了："到底发生了什么？"我们难道应该只关注一个将有五个家长（基因上的父母亲、代孕母亲、养父母）的孩子将来的命运吗？还是我们应该试着去理解为什么医学要去实现这种被打乱的亲缘关系？

将幻想变成现实是否遵循了科学的秩序？人工生殖的成功当然不是来自它的成功率：而是来自它惊人的幻想能力。当我们看到在试管里培养胚胎的时候，无不感受到了巨大的震惊，通过它对配子的操作，在10年内几乎覆盖了所有对孩子的幻想和疯狂的表述，还有人类关于起源巨大的谜团。

因此，我们可以从想象中得到这些关于未来家庭的幻想：

——我的父母不是我的父母。

——我的母亲是处女：从人工授精到剖宫产手术，一个女人可以在成为母亲的同时又没有任何性行为。

——人们在商场里买孩子。

——我不是由性关系产生的孩子；等等。

艾伯特·科昂在《1978年记事本》里写道："我又跟自己说了一次，我的出生跟我的爸爸没什么关系，我是因为魔法出生的，一个王子用他有魔力的话语安排了我的出生。"这是关于家庭的幻想。在那里，生物学家看到科学在完善，精神分析学家看到幻想在实现。

这些幻想的精神功能是复杂多重的。它们能够保存一种洁净的母性形象，去掉一个对手，还能让人写出一本辉煌的家庭小说，支撑一种自我繁殖的幻想，这就是思想巨大力量的典型表达。它们可以消除生命所背负的债。但是最重要的是，它们支持了一种对性别和年代不同的否定，这正是人在幼儿时期强力反抗的两个限制，也构成了一个个人结构的横纵坐标。

总言之，这些幻想试图取消一个根本的真相：这个真相提醒着人们性和有性别对于人类来说是无法区分的，而且两者构成了主观化的沃土。因为两性关系所代表的并不是一个自然的事实。在追寻根源的时候，让我们每个人都想到了：一个男人、一个女人、来自欲望的关系、性行为、降生与否。而孩子此刻被放在了第三者的位置，他来源于另外两个人，就像让他屈服于性别的不同和必将死亡的命运，他产生于一种性关系：也就是说来自失控的所有人之间，或者除去一两个人——无法避免地——“一个人就是另一个人”。来自性别不同的经验，所有不同的经验，每个人都可以在生命中验证这种不同，而最敏感的就是：性别的不同，是最典型的相异性表现。

两性的结合将我们的根源扎定在了与“他人”的关系中，这是最根本的差距，其中有着所有思考的可能性。通过词根“起源”（origine）、“最初”（original）的词意为“奇特的”，到了现在的意思。孕育（concevoir），到了构想（conception）。怀孕（conception）：一个孩子被孕育，获得生命的过程。引申意义：理解的能力……

如果说人类将控制和相异性起源的地方转移到了支配的记号之下，那么变化的并不是他们繁殖的方式，而是思考的能力。

就像在新发现的秘密中，看到一个强有力的孩子表现出他的幻想是多么奇怪的一件事！确实，所有的研究、科学或是艺术，所有的发现都基于人类对性的好奇、对于起源的秘密，他们坚持不懈地追寻着答案，还基于弗洛伊德所说的孩子想要“看到和控制”的欲望上。就好像在每个人类的发现中，都远远地有一些回响，被一个孩子的声音喊出来：“我们要怎么做？”“这是怎么进行的？”“我从哪里来？”

这种冲动，人们将其命名为“求知欲”，也就是新发现最普遍的动力。科学在那里得到浇灌，汲取能量的源泉。科学不能满足求知欲，但可以将它转换。求知欲经常会有一些复杂的变体，让它在已完成的形态中变得很难识别出来。这就是所有人类使用隐喻的工作，这些工作支持着求知欲的变形。以一种又一种的表达，催生了相对论、西斯廷礼拜堂上的壁画或者《交响协奏曲》。这种冲动在此真切地实现了，没有距离，没有隐喻，眼睛直接就看到了母亲肚子的内部（腹腔镜检查法）或者说是在一个被监测和控制的孕育的地方（显微镜）。

俯身在实验台边，探索的目光聚集在显微镜上，一个自认为是普罗米修斯的现代俄狄浦斯正在观察一颗变透明的卵细胞。他将自己的疑问转为行动，并且坚信答案就在自己的手上。在他赤裸裸的客观态度中，眼里充满了显微镜下炫目的影像。在那里，他没有看到先人们所说的法则。生命是什么？人又是什么？他很明白应该让科学告诉他答案。

于是，在焦急地安排他的细胞时，被知识蒙蔽了双眼的俄狄浦斯无情地肢解了文化。

基因科学最初的功能是一个帮助人们理解进化的工具。这就是一些不可预见的变化的源头。

1988 年：人们试着培育出一种牛——culard。它们的臀部会特别肥大，这个部分对于屠宰场来说非常珍贵。但是被过大的臀部拖着，这些可怜的动物既没有办法移动，也没有办法自然地繁殖。奶牛已经开始产人乳化的奶了。老鼠开始产生人类的血红蛋白。通过一些基因的操作，这些新的特征可以得到遗传。这些操作被一种实用性的言论所掩盖，但却很难掩饰消除区别化的幻想闯入到现实，以及在精神生活中区别的废除。

这些初步的工作，是否是巨大的基因交响曲在定音鼓敲响前的序曲？人类的处境确实是一种遗传病。而对基因物质的修改，就是拒绝遗传的一种十足的、不可逆转的表达，一种对于阉割虚幻的“嘲笑手势”。被等同于细胞的沉默的人类追问着DNA，还有他起源的秘密和命运的谜。

欧共体委员会的报告里所用的语义学就是一个典型的例子。对那些世代相传命令的宣读是在获得一部人类基因辞典的基础上进行的。这些来自预言性医学的整齐有序的克隆图书馆，如此的丰富和复杂，甚至比亚历山大图书馆更精彩，却没有能回答人们提出的问题。但是这也不是徒劳，因为有远见的人能够从中获得基因组的地图：这个游戏——基因组的项目叫“桥”——有着将我们驱赶出人性的性质[1]。

我不停地问自己，在整个西方世界，那些大多数都是出生在战时或战后的医生、学者，大部分都是激进的反法西斯主义者，怎么会就好像不自觉似的，正在顺着他们最珍贵理想的反方向，给世界提供一些比纳粹德国时期更疯狂的优生学的手段？对产品—孩子“质量”越来越精细的要求，还有父母亲越来越强的生物研究性质引起了像对“生命之泉”的记忆，那是一个在集体记忆中挥之不去的梦魇。

“生命之泉”是什么？就是一些纳粹宣称制造一个纯洁种族的实验性营地。在这些人类的“种马场”里，人们往往会遇到强壮的金发女性和蓝色眼睛的雅利安人在一起。一些孩子们在迷失之前出生、

[1] 理事会决定批准一个在卫生方面的特别研究：“预言性医学：人类基因组分析(1989—1991)”，欧共体委员会，1988年7月20日。

长大，在战后，他们不是任何人的孩子，因为他们是试验品。我面临着一个缠人的问题：为什么“这些”会发生在我们这一代人中？我们怎么会到这种地步？为什么不育会如此突然地变成了一件丑事，尽管社会为它提供了很多援助？体外受精在几年内就和这些它发明的“为什么”脱离了关系（输卵管不育症的变形）。不育的概念适用于所有的膨胀，指示的领域在不断地扩大，再加上传媒的成功，遇上了一种以要求形式出现的不被怀疑的好意，不通过性关系来产生生命的幻想在这种形式中表达。

我感觉到了一条链子暗中串联起了我所有的幻想：弗兰肯斯坦和玛丽对于一个实验室造物自发的恐惧。这种恐惧在无意识中有着即时的回响，还有着如同现代神话般的构成。为了给人类提供一个不可能的科学定义而产生的不屈不挠。纳粹主义和其应用让人的身体变成了一堆器官。在希特勒演讲中强制出现的含义，例如毒药和母亲的腹部。“生命之泉”和保证种族纯粹的出生：当人们在可怕的实验性的交配中或是在实验室的无菌环境中追寻这种纯粹时，没有什么比这种纯粹更加猥琐。

为什么现在会有这样一些关于外在作用的如此疯狂的言论？也就是说完全在人体外制造婴儿，根据医生的幻想，就是“成就了女性的解放并在孵化器前保证了性别的平等”。

“对于女性来说，这将是为追求合法自由迈出的新的一步，她们会拥有工作的能力，还可以把时间花在和男人一样的兴趣爱好上。其中一些女性，出于浪漫主义和怀旧的感情，明确地表达出了心理上的拒绝。难道认为‘复古’的吸引，以及像‘到了当祖母的时光’之类怀孕的诗歌比女性解放以及更好地监护胎儿更重要，是理智的吗？”[1]

为什么以一种预防主义理想的名义，对“胚胎”有着这样的执念？这胚胎曾被耶鲁的一个医生定义为“他最小的病人”？为什么要去性别化？为什么在因为人工繁殖产生的语义学新的繁荣时期，会有这些如此病态的回响？就像在这些成堆的缩写字母里——NTR（生殖新技术）或是PMA（医学辅助生殖），或是在一些抽象到令人惊愕的固定用语的出现中，例如“减少胚胎”或是“转代儿童”？

为什么借自工业模型的词汇会这样普及开来，例如“人工生殖学”、Euromater（一个欧洲的代孕母亲组织项目）、“银行”（精子银行）、“仓库”（胚胎仓库）这些物化人类的词汇？为什么要把“捐献”这个词的意义夸大为“礼物”（GIFT[2]），并且这个词在当孩子还没有像一个产品那样被创造出来之前，从来没有如此高频地被使用过？

最后，为什么会有这样的话语在《与通过配子捐献实现的人工生殖相关的基因问题：人类卵细胞和精子研究及储存中心采取的方案》中被提道：“从它的功能来看，似乎随着社会的默许，医生像是被赋予了一种特殊的权利，就是让他身边的人相协调来组成繁殖夫妇”……还有更进一步的：“这些孩子里的每一个都是来自一对通过医学决定的夫妇。”[3]

这让我想起了我们这代人，在人民国家剧院里为贝托尔特·布

---

[1] Jean-Louis Touraine, professeur agrégé de médecine, in: *L'Enfant hors de la bulle*, Paris, Flammarion, 1985.

[2] GIFT：输卵管内配子转移。

[3] P. Jalbert, G. David J., *Gynécol. Obstétrique Biol.* Reprod, 16, 1987.

莱希特的话剧《阿尔蒂尔·乌可抗拒的晋升》鼓掌。这部剧的结局如今还在我的脑海里反复出现："你们，与其傻傻地围观，不如学会看。与其聊天，不如行动。这就是差点要一次统治世界的东西。人们总是有道理的。但是这个季节外，没人能够高唱胜利：肚子还能生育，那里将出现不洁的东西。"

生殖医学是否就是一场嘲弄它的重复的目标？

父辈的禁欲主义是否会在儿子们的发现中挥之不去？昨日被驱逐的政治世界里的优生学谱系，会以什么样的代价回到科学世界中？生命的借口、死亡的逻辑、理性化言论中的空隙，让一种过于熟悉的味道飘过。这实用性的一连串决定，计划的制订、对身体的控制、改变用途的词汇、去主观化、冰冷的抽象意义、人类实验性的身份，还有，一步步走向制造相同的路，这真的不会让人回想起什么吗？一切的发生就好像现在的医生，受到了一种内在的逼迫，走向了一些——很明显地——让他们自己也感到害怕的事。人工生殖很有可能是一个——或者其中一个场所，哎——或者在这个世纪末，让可怕的事情重现。

重复在人类繁殖这件事上的准确意义有着压垮人的重量。但是生育，不是应该创造类似的而非一模一样的吗？被放弃的性欲，被当作是生物学里无足轻重的亲子关系，这就是单性生殖幻想所展现出来的东西。

"这个想法一点也不让我感到震惊"，查尔斯·蒂博尔特教授，世界上最好的动物繁殖专家之一说道，"当有一天，我们能将这些在一个哺乳动物身上高效地实现时，我不会反对我们将研究转到女性身上。其实，这对我来说比通过捐献者完成的人工授精好多了，因为这种情况下一对夫妇之间就不会有第三者。”[1]

杀死他人的手段

怎样理解“欲望医学”这个奇怪的表达？欲望是一种需要消除的疾病吗？这个表达揭示了它想要掩盖的事物，是否是一种对运用于控制生命科学宝库无意识源泉不经意间的承认？它是否揭露出了人类最根本的疾病，性欲、男人与女人关系的秘密？对于人工生殖的狂热是否表达了一种幻想，认为欲望可以用一种工业的模式来实现？……

有时候我对自己说，在这些巨大的骚乱中，性别依然在自我找寻，并且试图说一些无法言说的事情。这绝不仅仅是一场远古战争的现代模式，这些模式很严重，因为它们的本质不再是引进变化的状态，而是引发一些不可逆转的决定性变化。“上帝是死了，然后无神论的各种产物，所谓的意识形态，也开始宣布死亡。”

剩下的就是男人，还有女人。活在无边际的世界里，那是能够招致毁灭的不确定性，难以接受和破坏性的需求以及爱与冲突的巨大潜能。还有性别的不同，这个超越了所有回答的根本问题。或许今天这个问题和社会给出的传统答案一样令人困扰，而这个回答在试图掩盖问题的时候并没有将冲突减弱。

生殖的医学并购不就是想要占据人类性欲的秘密，因为在性中隐藏着人类经验的范式和相异性吗？

[1] Cité par J.-y. Nau, in: *Le Monde*, «Le prix de l’œuf humain», 16 novembre 1988.

我不知道未来会在对优生学还是社会生物学[1]的恐惧之中到来。但是对我来说，最可怕的是知识压倒真相，这种潜在的表达空间的缩减，这种去主观化的延续，知识和证据将主体从真相和考验中分离。从根本上说，当个人（不再是主体）出现在空虚的无意识中，人们再也不能像苏格拉底那样说："下面我将说的话，并不是我的。"

有些人认为，法治国家将是人工生殖的监护人，可以防止它向不好的方面偏移。但是一个法治国家，仍然需要考虑对这个问题有适当的约束。控制的幻想，总是与对区别的否定联系在一起，对精神分析学家来说是很熟悉的。但是现在的科学能做的不仅仅是将这些幻想变成现实，还需要让它们合法地出现在公章上。

如果法律让这些幻想变成现实，再也没有什么能像这样指认它们。这可能就是即将到来的事情。在让那些没有意义的操作合法化的同时，这场生命科学的巨大运动或许会造成一些不可预见的可怕结局，并且让人停止思考。控制不再表达一个人对于另一个人的权力，而是正常状态的标准。在科学和法律的双重封闭之下，将会这样定义控制：一种足以杀死他人的手段。一个没有"别人"的世界难道不就是一个没有语言、象征或时间性的世界吗？

控制的出现不仅限于政治中：在人类社会也非常适用。如果科学在它言论的霸权主义中试图给予并且被当作唯一理性化的模式，那么极权的引入就会狡诈地出现在社会中心，甚至是民主社会，还有每个意识之中。这些除去了相异性的幻想一旦实现，就会慢慢地渗

[1] Certains proposent déjà le «*passeport génétique déterminant pour l'accès au marché du travail*» (Intermédiaire, hebdomadaire pour cadres, Bruxelles, 6 février 1989).

透到所有人的思想之中，形成一种极其可怕的极权主义：一种像是集中营的东西将会出现在灵魂中，我们没有办法从里面走出去，因为我们自己都没有意识到自己被困在其中。

生物医学是否能实现所有的可能？它会不会省去了一些对没有意识到的问题的检验？在思考完性之后，思考区别，生物医学最终能否得到一个符合它强大能力的目标？

克隆人是一个可繁殖的人类。重复的已完成形式，它不再是相似的人，而是一个一模一样的人。就像这样，它最终代表了一个科学可接受的物件的特征……医学因此承认了一种滥用母亲的结局，而这种结局腐坏了科学本身的职能：制造一个不会违抗它的物件。

就好像人们在最叛逆的神话、备受限制的状态——受孕、妊娠和死亡中，追寻一种不存在的、对“人类”的定义，在人类生存的两极，科学的动力展示出了最耀眼的光芒。

那么在同样的十年中，一位濒死病人的床上，发生了什么？复苏法的进步大大地增加了植物人状态病人的数量。对人工换气技术的掌握制造了“无法挽回的昏迷”。也就是说，这些人的大脑已经损毁，脑电波是平的，但躯体处于人工存活的状态，实证主义的医学逻辑认为应该让濒死之人受益。

另外，卡亚韦法在 1976 年规定了每个公民都是合法的器官捐献者。值得注意的是，这条法律虽然已经有 40 年了，但大众依然不太了解，甚至很多医生都不知道。这与之前发生的情况相反，一个人可以在活着的时候清晰地表达意愿，向科学捐出他的身体或是器官，而卡亚韦法则将这个提案反转过来。死者的身体可以随医生处置，不需要咨询死者的家庭，除非死者在生前明确地表达了拒绝的意愿。也许是这个法律的暴力，它具体措辞中表现的前所未有的暴力，体现了它在公众中的压抑。

试想一下，尤其是一些年轻的身体，他们的器官都处于非常好的状态，对于器官移植来说能非常有利。但我们能够非常轻易地想象到他们的家庭，例如一个刚被车祸夺去生命的年轻人的家庭，要接受三重的打击：收到孩子出意外的消息，孩子死亡的消息，还有他的尸体立刻被医生处置，没有任何拒绝的可能性。这对他们来说当然不是一个简单的身体而已，而是一个刚刚还活生生的、他们爱过的人。想象一下，向一个受到巨大冲击的家庭宣扬捐献和慷慨的意识，是何等的蛮横。

这种无法控制的昏迷状态让病人保持在一种人工的存活状态，这段时间足够摘取器官，但是医学还有一个需要解决的问题：如何让法律和人们理解，我们可以从一个还呼吸着、心脏还在跳的主体，一个“温暖的尸体”中取出器官？换一种说法是很有必要的。所以“无法控制的昏迷”就变成了脑死亡。有人认为死人并不是一个人。[1]创建新的人的种类还不够，还要科学告诉我们什么是真正的死亡，为此提供一个科学的定义。通过恐吓和证据来诱惑和欺哄法学家，科学竟也变成了立法者。

对于慢性的植物人状态，我们还需要等一等。一直以来，米洛德教授就在全国道德委员会的走廊里焦虑地分发着小册子，上面强

[1] Léon Schwarzenberg 教授，1988 年秋在电视上说道。

调了植物人状态的病人所具有的珍贵的科学价值。他写道，因为他们“是近乎完美的人类模型，介于动物和人类之间”。垂死的人变成了一种珍贵的实验资本，因为他们拥有与所有种类嫁接的可能性。

1988年12月，人们终于理性地看待了这件事。国民议会一致通过了一项有关于“保护愿意为生物医学捐献身体的人”[1]的法律条例。这也就是承认医学从保护我们的身份变成了我们需要提防的对象。与那些构成伪防线的规章制度相配合，法律否定了道德委员会的意见，他们两次提出，除了在病人能够直接受益的情况下，禁止任何在病人身上的实验。在扩大试验可能性，且对于那些人，即像“未成年、精神疾病、重症监护室的病人”那样在他们自己身上不可能得到“自由且明确”同意的病人——没有治疗目的的同时，法律认可了对治疗法实验的优势，并且将最弱小的人送给了生物医学，而我们在其中已经认不出医学的样子。[2]

1931年，纳粹德国建立了一条关于在人类身上实施科学实验的法律条例。更加合乎人情的是，在最后的条款中写道：“在垂死之人身上进行实验与道德的原则相违背，因此是禁止的。”[3]

而卡亚韦法却让身体的工具化，还有暴力的摘取器官变得合法，因为器官并不会说话。对法律的违反，揭示出了对身体进行操作的无耻行为。这条法律不允许死者作为人或者是物品参与到他自己身

[1] 1988年12月20日的条例。
[2] Voir «Pour des états généraux de la bio-médecine», *Libération*, 3 février 1989, B. Edelman, L. Gavarini, M.-A. Hermitte, R. W. Higgins, G. Hubert, J. Testart, M. Tort, M. Vacquin, A.-M. de Vilaine.
[3] 纳粹德国，《内政部通报》，1931年2月28日。

体的用途中，这不需要他在世时的许可。它是根据“效率”和即刻获益的功利主义这唯一的逻辑建立起来的，排斥以教条主义之名拒绝它的人，有些蒙昧主义和嗜古。这种法律从根本上就是一种违抗，它玩弄着对身体的控制引起的迷惑，即使是遥远和理论化的，并且似乎无视了对身体的暴力有着能够唤醒最古老的恐惧以及伴随心理现象的本性。

1988 年关于实验的法律成功地控制了对逝者身体，以及胚胎的掌控。它为在人类身体上进行最广泛的实验进行奠定了基础。或许更严重的是：在确证了违抗、将控制合法化的时候，它不允许别人认为这是违法的，并且进一步地加强了法律和道德的混淆。

在夏多布里昂的《死后的记忆》前言里，他写道：“我死后，将被安葬在我挚爱的海边。如果我在法国外死去，我希望我的身体在国家改革 50 年之后才被送回来，进行第一次的埋葬。或许人们会把我的遗体从渎神的解剖中拯救出来，或许人们会省去在我冰冷的大脑和熄灭的心脏里探寻我生命秘密的力气。死亡丝毫不能揭示生命的秘密。一具奔波的尸体让我感到害怕；又轻又白的骨头行动起来很容易：在这最后的旅途中，与之前我背负着忧虑带着它们到处奔波相比，会感到没有那么疲惫。”

在将近 150 年之后，医生和哲学家弗朗索瓦·达戈涅在《对活人的控制》[1]中写道：“以团结一致的名义，权力应该用拟人的方式表达：‘我允许你出生，我保护、监护、教育、照顾你。当你停止呼吸

[1] François Dagognet, *La maîtrise*, Hachette, 1988.

的时候，把你的尸体留给我吧！通过我，你会让你的后代更方便地拥有健康……'"

接下来的几段之后，他提出了一种“身体的国有化”，也是墓地相对的终结。“生物学的提议，最终的提议”（最终的解决方案？），这是结论章的标题，他为一项旨在将利益最大化的生命政策辩护。

我们赋予科学的东西，不能将它赋予文化。流泪吧，安提戈涅。让死亡变得人性化需要上千年。它让人们回到土里，将死人和活人而不是人类分开。为了让仪式上有益的话平静人的心，并告诉活着的人即使他们的身体已经变成了遗体，他们仍然是人，让他们能不再有产生暴力的恐惧。

流泪吧，玛丽。你没能预见这个噩梦。

▶▷ 有关于女性的知识

“一般的女人都不聪明。”是的，也许就是。作为自己身体深处藏着生命终极秘密的守护者，女性理解身体的需求。她知道手势和言语的时间，她知道必要的安慰，她知道需求的顺序和等级。她知道什么是紧急状况。这或许就是为什么当巨大的危险来临之际，一直是卑微、不被人所知的女性形象会突然涌现出来支撑象征的巨大的穹顶，她们在那一刻成了贞女。

朱迪特为了让她的人民生存，走进帐篷杀了奥洛菲纳。安提戈涅将自己的兄长埋葬，使文化不朽。牧羊女贞德，指挥了一个军队。她们有些漂亮，有些质朴，但都诉说着她们每个人都和上帝有着某种直接、最亲密的关系，上帝的话直讲给她们听。在她们所要做的事上，她们没有丝毫的犹豫。这种确信给她们柔弱的臂膀以一种不容置疑的力量。在她们柔软的腰肢上，安扎的是时间的女像柱。越过了恐惧和贫穷，她们传递着一种不自知的知识，而正是这些知识让我们成了人类。

玛丽就是其中的一员。她天真又顽固，强烈地用着自己唯有的笔墨，感受到了与知识的某种联系也是一种对认知的拒绝。她全身心地否认这种“认知”可以通过狼吞虎咽知识来获得。她忽视了自己话语里的真正含义，在一本又一本的作品中呐喊着她相比透明，对阴暗的偏好；相比始终不渝的理论，对不完美的存在的偏爱。对她来说，理性可能存在的范围是没有限制的，在其中能隐约看到堕落，欲望产生的破坏，她描述了一种被破坏的知识，这种知识矛盾地让它的拥有者感到被填满，却双手空空。

在德尔斐，温柔的落日染红了阿波罗神殿的石柱，蟋蟀不停地叫着。在那里，一个使所有的知识屈服身下的女人的幽灵还在徘徊着。围着神殿的厚厚的城墙上刻满了奴隶解放的议事录。柱廊上刻着“认识你　你自己”。在雅典，正在进行着权力的分离，这是所有民主最初的原则。这个地方因为人类智慧的力量震颤着，至今如此。

当现代的漫步者被这个地方扣人心弦的过去所吸引，他可以对自己说，所有跟他说起的幻想就是经常会在歇斯底里症男女身上引起的。像在德尔斐的皮媞亚，她就已经移动了整个世界……整个古代文化都在智慧的力量里展开。但是，这个漫步者是否知道，在皮媞亚身边浮动着的，是一个关于受到阻碍的故事？他是否知道这个地方的主人，阿波罗出生的故事？还有为何他会与医学的出现产生联系？

阿波罗，这个德尔斐的守护神，在出生时遇到很多困难。他和他的孪生姐姐阿尔忒弥斯曾经被阻止出生。他们是宙斯和女神勒托的孩子。宙斯的妻子赫拉策划着一场可怕的报复：为了阻止勒托将她的孩子生产到这个世界上，她把巨蟒皮同派到了勒托身边。阿波罗之后在德尔斐杀掉的也是这条巨蟒皮同，那是在他发布神谕之前。阿波罗才刚刚出生，就展现出了非凡的个性。“他扯掉了襁褓，要求里拉琴和他的弓，宣称自己是宙斯无误计划的使者。”他是光明与和谐之神，他的精神代表着战胜黑暗。他深知自己的局限，所以才能超越它们。

这就是皮媞亚留下的想象的遗产。她的名字（皮同）中带着“无法出生”“被阻止的分离”的印记。在德尔斐，意思是“腹部”，她深入地倾听地球核心的声音。她再也不是那个阻止出生、使母子分离的怪物，却带着记忆，并且给人类一个需要解答的意义。因此，她成了所有即将来临事物、从身体到话语分离工作的一个模范。那将她与大地母亲联系在一起的恐惧让她的话语变得饱满。她既不是暴露在融合之下沉默的身体，也不是那让她经历意义丧失、受到冰冻威胁的事物所发出的被抛弃的话语。阿波罗神终于可以从自己的嘴里说出“我”。

皮媞亚代表了阿波罗的记忆：最初的未分化状态，为了达到个人化的斗争，体现为战胜了皮同。这个怪物让他成了自己母亲的囚犯，被围起来的阿波罗直面皮同，并且控制了它。但是他并没有成功地将这场战斗引入虚无之中：他杀了皮同，也祝圣了它。他没有抑制它，而是将它转变了。他打垮了这个野兽，但是组织了皮提亚竞技会来纪念它。也就是说，皮同所代表的知（Savoir）并没有被废除，只是得到了转变。象征操作的完成让重复产生的压抑变成了一种有益的遗忘。巨蟒成了埃斯科拉庇俄斯的象征，并且通过希波克拉底成了今天的医学。同时，作为发布神谕的神和埃斯科拉庇俄斯的父亲，阿波罗既有神又有医生的形象。他呼吁着那些想获得知识的人，不要低估隐秘的力量。

这个神话的奇观：在几个世纪之外，它激发了一些刺绣作品和联想。阿波罗是座少年雕像，一个年轻男子，代表着一种对已分离身份的征服和正在完成的区别化。说出"我"是很神圣的。说出"我"对未来有建设性的作用（因为这也是一种神谕的用语），另一个人从自己的口中说出这词的时候，我们就陷入了一种慌乱之中，就好像皮媞亚一样恐惧不安。十个世纪之后，所谓的着魔或许说的是同一件事。增加了十倍的力量，竖起来的头发诉说着被他人占据的恐惧，失去所有的差距让所有的关系都变成了能够触发威胁的东西。

四千年前，歇斯底里症让人无法思考，两千年前，它让医学受挫。知与知的较量，互相挑战。四千年来，歇斯底里的症状根据每个不同的时代有着不同的模式，因为其无可比拟的可塑性，它建立在当下的忧虑之上，根据他人的欲望来塑造自己的需求，产生了符合当时刻板印象的症状。盖伦在 2 世纪时说道，"歇斯底里症的冲动只有一个名字，但是它的形式却有无数种"。因为歇斯底里症的多种表现形式以及它能够利用时代的工具表述自己的言论，它的身上有一种双重真相：自己独特的真相，还有一种它所属文化的真相。在这个层面上，它表达了社会的现状，对于想要理解它、唤醒它、守护它的人具有一种功能。也许就是在这种回响的名义之下，歇斯底里症患者想要发声的企图，或是通过医学的客观化，或许是单纯的毁灭被缩减。

中世纪对巫师的驱逐持续了两个世纪，用火刑处死是对歇斯底里症最彻底的治疗方法。“我很痛苦，”病人说道；“您病了”，医生回答。一切都已经被说明，而这就像一个远古以来的误解，并且长时间地与它的主导者紧密地联系在一起。一个误解还会引起另一个误解，这个将歇斯底里症与医学联系到一起的激情与战争的游戏和将男女联系到一起的事物有着相似之处：爱情的误解。

近一个世纪以来，技术的文明对减轻歇斯底里的症状没有太多的好处。所有的专家都为歇斯底里症的消失所震撼。也许今天，这种症状又通过人工生殖回到了技术文明的中心。它的特征是以一种可以被文化接纳的形式，出现在全能之中。那么：如今，全能在哪里？如果不是技术，那么与我们思想对话的是什么？

从前，古代的世界倚仗着皮媞亚预言的嘴。今天，现代的世界感到震颤和眩晕，仍然在客观化和解读的尝试中摇摆。

是否在德尔斐的皮媞亚，中世纪的巫师，让沙可[1]着迷的东西和弗洛伊德所听到的，都是同一件事？是否在神谕、着魔、戏剧性的苦难和技术化的生育之间存在一些有关于分娩的隐秘联系，一种共

[1] 让-马丁·沙可（Jean-Martin Charcot，1825年11月29日至1893年8月16日），19世纪法国神经学家、解剖病理学教授。

同的知？

从这种知中，代孕母亲知道些什么？这种知对她和别人同样的难以理解，还是这代表着心理因素的不可还原性？扭曲的身体、口吐白沫，或不管是什么样的外形，歇斯底里都是一个谜，它促使着社会工作者去思考或者解决这个谜。它重新强调和展现了同化——两个不同的东西变成一个东西的诱人和可怕之处。所有遭受的痛苦都是它对自由的渴求，将焦虑转化为行动，重新展现出疯狂的因素来将它们倾翻，他们呼喊着切断和幻影——因为它的受害者感到认同和充实，这个他所处的、挣扎着的监狱也是孕育他的地方，这美味的恐惧。但是他对性的拒绝是绝望的。被后代所挟持，被占据着，他没有办法自由地归属。不能自我生殖：这大概就是所有典型的心理痛苦。

当今的歇斯底里症已经去掉了它的戏剧性。或许是因为情感的表达变得更加自由。也可能是因为整个社会都变成了一场表演，在喧嚣中，它已经无法辨识自己的声音。但是，作为社会真相的揭示者，它持续地发送着加密的信息。它使用了技术的手段，因为这是今天的我们所能理解的方式。它在现代人的耳边重复诉说着一个远古的真相。从对生育孩子的渴望到试图将孩子标准化，它诉说着诱惑和恐惧。它自身就成了一个问题，一个让人发声的谜。

与事物混淆

玛丽发现了什么？这个她命名为弗兰肯斯坦的呼喊是什么？她眼中的怪物是什么？她从来没有像信仰鬼神般信仰科学，而且是恰恰相反。但是她带着恐惧和与她整个童年相关的女性直觉，感受到了人类之间有着惊人的力量的谜。她预见了“认识你　你自己”不再仅仅出现在德尔斐阿波罗神殿的三角楣上的那一刻，而是实现在解剖台上。她预感到了一种能让人性毁灭的东西，那就是让人产生认为这个问题的答案不在自己的生命里，要通过别人解答的幻想。

实验室是维克多与科学做爱的“温床”。他在那里感受到了一种令他害怕的愉悦：他将此归咎于自己对控制的强烈欲望。他制造出了怪物，而怪物就是他的东西。他因为它感到恐惧，他害怕自己也会变成那样。

维克多的恐惧也是玛丽的恐惧，以发自内心的知为名：玛丽感受到了一种沉闷而令人惊恐的诱惑，混杂着恐惧，那是人类对事物的欲望，希望与事物混淆的欲望，指望能摆脱人类处境的重担、欲望的重担、责任的重担。她知道，对于人性来说，拥有就是毁灭，而这种残酷而模糊不清的吸引，她甚至可以从性与爱中感受。

这就是玛丽不自知地给我们上的课：一个人不能占据另一个人。我们无法占有一直在流失的东西。既不是别人，甚至也不是自己。在建立了人类自由并且对自己的私有财产的所有权的法国大革命之后，在科学将控制自然的耀眼进步前夕，玛丽高呼着人类不属于自己。从根本上来说，她在宣称着无意识。

1986 年 10 月，雅克·泰斯达宣布他停止了所有身份认同技术的研究，也就是那些“试图将人类彻底改变，将生殖医学与预言医学相结合”[1]的研究。

---

[1] Jacques Testart, *L'œuf transparent*, Flammarion, 1986.

这位现代维克多经历了什么？是什么能让一个科学家放下研究的工具？除非是他在那里遇到了一种出乎意料和不合时宜的欣喜。

他看到了科学的女性对象。他看到了研究者的傲慢与一种能将打垮激情的东西客观化和缩减的激情相混淆：性。他看到之前从生命中被拔除的性，重新出现在了技术和科学的话语中。他自己也看到了“我们从哪里来”的问题变成行动，隐喻产生裂缝，有效的控制将它的触手伸到了赞同、要求者的身体上。

目光从显而易见的幻想中抽离出来，阻止了“视觉将观点蒙蔽”[1]接着触及了人类的另一种禀赋，即反思的能力：人类能在自己观察的东西里看到自己。接着他能认出“对人类来说的巨大的危险”。[2]从“智慧的人类”到“会计算的人类”甚至到了“疯狂的人类”，因为他们想将爱情变为一种方程式。他们越来越近地看到，人类在慢慢地变成一种科学的用具。

让雪莱和男人更深入地懂得女性和母性那难以言述的身份，是玛丽作品的目的。在壮年的时候，她用一种异常真诚的语调，在一个自己完全承担的位置里写道：“我经常被一些所谓的朋友指控对‘事业’（女性的进步、自由和权利等）毫不在意，但是我想说，关于这个主题，人和人之间有很大的不同。有些人有着改变这个世界的激情，而另一些人则不曾表现出对一些观点的支持。我的父母和雪莱都是第一种人，所以我很尊重这种态度……但是我不认为自己应该去采取一些极端的方式，即在我眼中可能有很危险后果的立

[1] Emmanuel Levinas.
[2] Jacques Testart, *op. cit.*

场……在我身上，有需要尊重的女人的欲望，希望被指引、在被爱和鼓励的情况下能够做一些事的能力……但是雪莱死了，我只有一个人。”

也许她就是在说，爱在她的眼中不是一个表现政治秩序的词汇，而是一种体会，这种体会赋予生命意义。玛丽受到生命和写作的教育，在她死前的12年，跪在了曾经的自己面前。相对于偏执理性的胜利，玛丽站在了真挚的真相这边……

虽说《弗兰肯斯坦》中闹鬼的城堡和地牢的角落引起恐惧，但是牧歌般令人安心的瑞士，田园诗般的草原或是雄伟的悬崖，是玛丽用她浪漫主义的目光和无可比拟的品位发现的。她的写作没有间距效果，看不出是写作。也就是这样，并没有刻意地追寻某种效果，她展示出了内心状态天真的图景。她自己都不知道，她引用了一种比理性更加广阔的理性，比逻辑和科学更加深邃，没有什么能够定义这种理性。她的笔触突然因为一种来自生活的真相变得沉重起来，那体现了一些没有任何证明的价值，它们只需要经过检验和认证。

于是另一种知出现在她的字里行间——女性的知？——一种令人焦虑的压力让玛丽与安提戈涅或是厄勒克特拉有了某种亲缘关系，她们是对过去法则不懈的追问者。弗兰肯斯坦是世界关于人类起源、爱情的法则，重复、死亡所提出的一个焦虑的问题，我们依然感到害怕。

说给玛丽的话

2016 年 6 月，人们在日内瓦纪念你的《弗兰肯斯坦：现代普罗米修斯》200 年的诞辰，玛丽。整个城市都激动不已。也就是说，弗兰肯斯坦成了所有人口中的谈资，就像你的小说刚刚问世时所获得的成功一样，就好像这其中还蕴藏着一种宝藏。确实，就像以科学精神为名，让我们听神话故事，发现其中所掩盖的无意识的知是合适的。那是为了给人类已经习惯的事物一个意义，把他们带到技术明显的外在性面前。

我们依然感到害怕……

2016年6月，人们在日内瓦纪念你的《弗兰肯斯坦：现代普罗米修斯》200年的诞辰，玛丽。整个城市都激动不已。保住了迪奥达蒂花园别墅的博德莫尔基金会专门为你准备了一场展览。博德莫尔基金会，致力于对科学的思考，增办了很多活动。他们到处组织研讨会，以及艺术和科学活动。图书馆、画廊、电影院、剧院，他们在创造力方面举行竞赛，颁发奖项。日内瓦大学也加入其中，他们举行了重复你们行程的湖面游船活动。在法国，上演着几部戏剧，还有各种辩论。在纽约，上演着摇滚音乐剧。很显然，玛丽，你不知道什么是摇滚。在伦敦的科文特花园还上演了一场芭蕾舞。很快在布鲁塞尔的皇家铸币局剧院会上演一部音乐剧《弗兰肯斯坦》。你知道吗！

也就是说，弗兰肯斯坦成了所有人口中的谈资，就像你的小说刚刚问世时所获得的成功一样，就好像这其中还蕴藏着一种宝藏。确实，就像以科学精神为名，让我们听神话故事，发现其中所掩盖的无意识的知是合适的。那是为了给人类已经习惯的事物一个意义，把他们带到技术明显的外在性面前。

因为在实验室里制造人类这件事，已经做成了。但是你的直觉没有做出一对一的比较。我会跟你解释，那些来自试管生育的孩子，他们并不是怪物，制造他们的生物学家和医生也不是。

然而，所有人都感受到了怪物在徘徊，而这很有可能变成一种现代性的范式。

人类克隆的前景引起了恐慌，使“对于人性的犯罪”这样的呼喊涌现。机器子宫很快就会出现。大量的资金支持着超人类主义的妄想，他们宣称要“增加”！我们，优化我们，让我们不朽，但是请注意，还是民主地根据我们的要求。他们将是通往后人类的路，人类为了成就自己的空想，变成科幻机器人。机器，摆脱身体，还有精神生活、思想和文化的负担，他们和自己的创举分离。一种令人愉快的文化——但还是能用语言描述——正在被描绘出来，通过所有生物科学家的碰撞变得有可能。这种文化由前所未有的变化、间断组成，有些像我们的电脑不断地给我们提供新的机会，即使我们对它们并没有提出任何要求。“一个新的物种，在我身上保佑他的造物主和源泉。”这是你写的，玛丽……

▶▷ 去除人类起源的特性：人工生殖的另外一面

> “那个向人类承诺将其从性的奴役中解放出来的人，不管他选择说什么样的蠢话，都应该被认为是一个英雄。”——西格蒙德·弗洛伊德

玛丽，没有一个人想到用你想象的方法去制造一个人类。没有人会去拼凑从墓地里捡来的尸块。那些不育的夫妻，只想要孩子。科学有了进步，很大的进步。只要将雄性和雌性的配子靠近，你知道的，就是爸爸妈妈在做某种很难跟孩子描述的亲密举动时产生的细胞混在一起，就会奇妙地产生一个全新的人。显然，科学代替性，直面科学和性的讨论定会引起不少问题。“不育症，我们要发动一个

性之外的计划？”妇科医生这样调侃道。

“让我们越过性！”在一场养殖工业化的会议中，有一面旗子上这样写着。人工繁殖的技术就是从此而来。

在这一切里，没有什么黑暗和恐怖的东西。被悉心照顾的宝宝在幸福的父母怀中，他们走出了妇产医院。气氛很单纯、热情，令人赞叹。一些新的词不断地出现。在培育室的环境里得以完成的“父母计划”，已经让工业感兴趣了。

但是，有些重要的事在发生，带着所有人的幻想，其中对拥有孩子的欲望确保了幻想的合理性，且在实际操作的层面上，尤其是在意义上，明显地超出了这种欲望。

因为制造人类是和人类存在一样古老的幻想，亲爱的玛丽。你不是第一个想到这件事的人。你，一个女人，已经成了母亲，处在恐惧之中。其他人，尤其是男人，对此有着明显的兴趣和一些困扰。这个想法是否重要，我不知道。我向你保证我会思考这件事。

还是在1924年，英国的遗传学家霍尔丹出版了小说《达代罗斯》，这是一部科幻小说，后来激发了赫胥黎的作品《美丽新世界》。书中，他描述了一个未来的社会，在那里，爱与生殖是完全分开的。人们做爱不是为了生孩子，孩子的产生是由科学家通过在试管里操作完成的。1948年，生物学家艾伯特·万德尔提出了他有关于体外繁殖的幻想，即胚胎的发育在母体之外，他因此看到了一种优化，让“对纯粹的动物学实践的放弃和一些提升尚不完美人类方法的加入”可能实现。

80年代，当人类繁殖进入实验室的时候，无数的医生将早前的预言实现。人们要将女性从她们“古老陈旧且不符合年代的”母性束缚中解放出来。“因为有人工胎盘，女性很快就能摆脱负担和怀孕的笨重，也不再需要分娩了”，一位著名的助产士这样说道，很显然，他已经等不及要从这些陈旧的东西中解放出来。另一个则宣称怀孕很快就会变成过时的事情：“难道接受‘复古’的吸引和怀孕的诗歌像‘到了当祖母的时光’比女性解放的可能和更好地监护胎儿更重要，是理智的吗？”

这是母亲、孩子、种族多么紧迫的担忧啊，玛丽！

1962 年，获得诺贝尔奖的弗朗西斯·克里克说：“每一个新生的孩子都应该在接受了一定数量的遗传基因检测之后才能被认定为人类……如果他没有通过这些检测，就不应该有生存的权利。”路易斯·布朗是人类历史上第一个在体外孕育的孩子，1990 年，她的“科学父亲”罗伯特·爱德华向记者说道：“需要在基因上优化人类，让人类的 DNA 变得完美，让人们少受疾病的侵扰，变得更加聪明，活得更长久。”

看着现在的情景，体外受精的开始就像是各种讨人喜欢因素的结合，其中包括想要孩子的夫妻们，不论是否不育；充满热情又感性的妇科医生；富有创造性的生物学家以及一个准备好接受在二十年前本该被拒绝的事物的社会。

当然也有一些不那么显而易见的事。我刚刚提到的那些，远古的制造人类的幻想，将人类起源与性分离，一种希望这种成就能够有效的幻想。

这是一场关于胚胎的科学与宗教之间隐秘而无名的战斗，尤其是天主教。没有不快的科学想让胚胎从教会手中脱离，但这样却激怒了后者，玛丽。我们听到了这场战斗在我刚刚和你说的那些话语中震动。教堂，曾经是对生命的尊重，对性、规则、隐秘禁忌的激烈质疑。科学，是理性不会犯错的代表。或许也是一种“天然”道德的前景，而且没有那么吝啬！

我们这代人就像你们所预见的那样，玛丽，在你们的世界里。我们呼喊着“禁止一切禁止”“没有任何束缚地享受”，我们宣称性是自由的。我们混淆了“渴望所有的权利”和“能够做任何事的权利”。我们缺少词汇。我们认为忌妒是对理性的侵犯，我们想按照自己持续不断的欲望去相爱，我们憎恨提倡维多利亚时期道德的父辈，那是一种虚伪的美德，似乎没有一个人有权利活在这个世界上，而且面对刚刚被邪恶的涌现席卷过的欧洲，他们只有沉默和惊愕。我们拒绝所有来自他们身上的东西。总之，这种混合物是爆炸性的。

我们是出生在战时或战后的一代。我们是一场大地震的继承人，而且与父亲们遗留下来的言论完全切断，那些过时的宗教言论，因为 20 世纪的极权主义而失去信用的政治希望。

剩下的只有被认为是可靠的、不能做假的科学，能够回答这个对人类至关重要的问题：“我们是谁？”

生物学是一门年轻的科学，正站在舞台的前端。因为年轻，所以拥有一些特点：一些还未得到确认的概念，正好非常适用于唯科学主义的偏向。[1] 但是它很急躁，渴望尝试所有、理解所有，对制定规

---

[1] Comme le fait remarquer avec justesse Alain Supiot dans son ouvrage Homo juridicus. *Essai sur la fonction anthropologique du Droit*, Seuil, 2005.

则的欲望（就像一些叛逆的年轻人想在家庭中所做的事），还有对一切限制的拒绝。服务于知识的科学，难道不是拥有所有的权利吗？它戴着伪装的镜片来保证自己能看清一切。雅克·泰斯达所写的《透明的卵》[1]就表现了为了理解、视觉的贪欲。这种贪欲，弗洛伊德将其命名为“镜像冲动”，与控制冲动联系在一起，它们构成了“求知冲动”，一种想要看到和掌控一切，不论是艺术还是科学造物起源的需求。弗洛伊德告诉我们这种冲动扎根于我们的起源中，以及事情发生的缘由之中。而最早的“为什么”就是关于孩子的出生，性的秘密。

《无法抑制的出生欲望》[2]是勒内·弗莱曼同期所创作的。我们都充满激情地观看了贝托尔特·布莱希特的《阿尔蒂尔·乌可抗拒的晋升》，这部话剧提醒我们“腹部还能生育，那里将出现不洁的东西”。

生物学的中立性使它有一种说不清的优势。因为它是中立的，就好像它什么也不想要……但是接下来发生的事揭穿了这个谎言。那就是：生物学不再仅仅是基本和描述性的科学，而是技术科学，对于他研究对象的干涉参与是即刻的。马上又会有技术科学经济，它与市场的关系将变得扭曲。

不过，这种科学有着一种令人激动的、诺言式的名字：“生命科学”。当不好不坏，教人“怎么生活”的传统正在没落之际，还有谁不是这“生命科学”的受益者？

“有一件事是肯定的，不会再有任何一个人懂得怎么生活”，米

---

[1] Jacques Testart, *op. cit.*
[2] René Frydman, *L'irrésistible désir de naissance*, PUF, 1986.

歇尔·维勒贝克[1]写道，他恰如其分地在一代人的不安中架起了一座桥梁，尤其是与性相关的，还有关于科学模式的追问。

从这想要理解的需求和向科学提问的关键转变中，还有不少例子。

在物理学家薛定谔1944年的作品《什么是生活？》中，彼时还被流放在都柏林的他写道："由一群专家在狭窄的领域里研究出来的独立的知识本身没有任何价值。它没有任何意义……除非它可以真切地回答'我们是谁'这个问题。"

让-皮埃尔·尚热在《神经元人》[2]的序言中写道："我想知道，这'智慧的人'的颅骨里到底有什么东西……"他在几年后开始研究"道德的神经基础"，表现了他对大脑和精神的混淆……

与让·多塞共同创建了人类多态性研究中心的丹尼尔·科昂在他的作品《希望的基因》[3]中写道："当住院实习期将我的思想完全掏空，带走了所有的象征食粮之际，我的脑袋就像一台电脑，充满了一些对我毫不重要的知识，我想找到一门能够跟我谈谈人类的学科……我们产生于一颗精子与一颗卵子的相遇，遗传学开始的行为让整个人类感兴趣……当人类为进化作贡献的时候，还需要一些愉悦感。"于是现出了弗洛伊德所建立的假说，即求知欲来自性冲动。[4]

---

[1] *Les Particules élémentaires*, Flammarion, 1998.
[2] Jean-Pierre Changeux, *L'homme neuronal*, Fayard, 1988.
[3] Daniel Cohen, *Les gènes de l'espoir*, Robert La ont 1993.
[4] 关于这个问题，可参见作者的《占据生物》(*Main basse sur les vivants*, Fayard 1999)。

这种求知欲转向成为生物学的时候，因为缺少其他的表达模式，一般来说代表着恶、性欲、冲动或是其他人类体验中的重要时刻，例如出生、死亡、传承，曾经被转移到另外的论说中，而如今都成了过去。

“我停下来检查和分析所有从原因到结果间的细节，例如揭示生与死、死与生之间的变化……在我看来，为了将光明播撒在这个世界上，生死就好像是我首先要越过的障碍。”……这是你让维克多·弗兰肯斯坦所说的话，玛丽。

就好像我们听到了你的声音，或者是因为你太了解藏在人性里的东西，现在到我们去经历这些人生关键的时刻了，出生与死亡，从实验开始，到产生这个令人不可置信的反转：在生命的最初，是冷冻的胚胎，而终结之时却是温热的尸体。

你在19世纪初写了《弗兰肯斯坦》，玛丽。在西方，理解，很快就会等同于制造。

我们知道。

你相信吗，玛丽？我们用了不到20年的时间，将尽可能多的性和尽可能少的繁殖完全颠倒：通过尽可能少的性来实现尽可能多的繁殖。

►▷　对亲缘关系的思辨

“亲缘关系的运行机制包含了与它逻辑相符合的一个结局：区别位置，所有对主体出现必要的位置。”——皮埃尔·勒让德亲缘关系，我们可能会认为是一种关键的尊重对象，因为它涉及孩子，他们的身份，他们对于起源的认知，像是一部实验戏剧，包含每个人类都无法意识到的紧急状况[1]，因此没有任何迹象指出亲缘关系是产生于理智或者科学。

因为在一张床上可以发生的事情不应该发生在实验室里。不仅仅是从里面跳到外面的小小一步，在一个已知世界或是保存了谱系真相的人类学框架下避开困难让人类配子在试管里靠近。[2]也许和人类起源如此相关的东西不应该充满无意识？真正违反规律的不是将配子相结合：而是在对亲缘关系的检查之中。

你相信吗，玛丽？这是来自对世界整体的目光：双胞胎隔年出生；来自双胞胎姐妹、朋友或是不知名的人士捐献的卵母细胞；在一个死者或者是不能存活的胎儿身上提取基因物质；出租子宫的合同。代孕奶奶怀着的既是儿子也是孙子，因为他带着的是她儿子和儿媳的基因物质；这两个孩子来自四个亲本；或者相反的，两个双胞胎分别由不同的代孕母亲怀着。一些专门针对人类胚胎售卖的公司上市了；在一个与身体分离的子宫里孕育的胚胎。这里，有了一个处女妈妈，那里，出现一些已经绝经的妈妈。一步步，人类从相似变成了一模一样，从相似变成了荒谬可笑。我马上就会给你讲述。

我们腼腆地将这样的图景称为“偏移”。偏移？不，这是一副疯狂的景象。在西方世界里，那是一种身份认同的缺失，拒绝或是缺

[1] 人类最主要的问题，不是不育，而是人口过多。

[2] 根据法国的立法，告诉一个孩子是通过捐赠的配子孕育而成是违法的，且会受到严重惩罚，同时，一种类似的亲缘关系正在精子储存与研究中心形成。

少传承，缺少表达。这也是对所有代表限制的事物的攻击，就像哲学家皮埃尔·勒让德所说的。或许这就像我们拆解一个东西，或者孩子玩弄一个玩具一样，为了了解这一切是如何运作的，我们才看到了关于亲缘关系问题的黑暗面？

一种论调就这样树立起来，它既不想也不能追问所发生过的事。它来源于一种想要包含所有最明显暴行的欲望，尤其是商品化，以此来抚慰大众，它号称有所控制，事实却并不是这样。我们将它称为生物伦理学。“道德”这个词消失了，像一种粗鲁的话一般被驱逐。“谨慎”一词则需要科学化为“预防原则”。“生物伦理学”产生出一种新语言，这种语言的美妙却让牙齿产生不适。之前的图景？科学的进步与捐献者的慷慨有关。这种语言征服了机构体制、媒体，以及所有做决定和做尝试的地方。追问的尝试？那是来自宗教的蒙昧主义。很多公民试图拉住了缰绳，感觉到了有些事情不对，却没能将其说清楚。

同时，还存在另一种语言，就没有那么美妙了。

我们在妇产科学机构看到了“亲缘关系”的“可追溯性”的出现。

“基因”公司售卖那些提取和移植的产品。Imagyn 公司提供一种经宫颈系统的内窥镜。Gift&Zift 公司给配子转移的过程命名。“看向未来”，那些售卖激素抑制剂的公司宣称道。Delfia 公司则回应：在这个围满了精子和圣光的星球上，“未来就是现在”。

同时，我们还能庆祝利他主义的产生并且出租子宫。

那个时候，母性虽然还尚未和生孩子分开，但是在功能上已经开始产生断裂——不论是遗传学上、子宫、领养、社会的还是代孕和替代品的。女性的身体被挖掘、探索、深度刺激、穿刺。哲学家弗朗索瓦·达戈涅写道："怀孕编织起了母亲和孩子之间难以解读的关系。但是这不意味着不能打破母性的概念。"这样的表达是否就是科学的秩序？

孩子？他们成长着。一些偶然的研究专注于他们的总体状态和在学校的适应情况。有的人知道他们的父母是谁，有的人不知道，或者不那么清楚地知道。配子的捐赠是平均、匿名和免费的，这就是这个时代的风气。当我们说到身份认同的时候，遗传物质没有任何意义，可是当我们研究一种潜在的遗传病理学的时候，遗传物质就显得尤为重要。关于什么是亲族关系，什么是母子关系，有着一些充满仇恨的讨论。这时意识形态就有些陷入困境。有些孩子抱怨着不知道自己的多重来源，但他们依然成长着。你还指望他们做什么呢，玛丽？这当然很重要，但这自然不是唯一的现实。然后你知道的，玛丽，人类吸收了一切。

但是，如果认为这些只会影响那些面对着矛盾的孩子和家庭，就太荒谬了。

个人的意志形成了法则，远远地推开了集体的平衡和对集体心理的影响。人类学看不见，无法置放的危机很少令人担忧，但不见得更不激烈。

这很荒谬，玛丽，你知道的……我会想到这件事是因为我要跟你说。将人类推向像物品一样自我制造的路，首先要通过对亲缘关系猛烈的攻击。就好像需要批判亲缘关系，否认它，却同时强烈地向它请求。

有些国家试图建立一种迷恋的氛围，有着完全不受控制的特性。人们将这些技术专门留给适龄的不育症夫妻。但是总有一些迟到的功能和意想不到的反馈。为什么男人可以这么晚生育，而女人不行？这又是一种不公平。你深爱的意大利，一个属于母亲的国家，玛丽，那里的女人正在尽情地享受，并且成了一些六十多岁的母亲。

你看到了吗，这个社会被一种平均主义的热潮所掌控。同性恋者要求更多的曝光率。这是一件好事，玛丽，你已经足够靠近拜伦来衡量多少的耻辱是无法忍受的，但是，拜伦并不是最无能为力的人。好多年之后，一对对同性恋人们在一个大日子宣布他们即将共同生活。要求着“不受特别关注”的权利。接着就是人们赋予他们的婚姻，虽然已经削减了这个词原来的意思，并且改变了历史上“男人与女人的联合”的概念，你很清楚这一点。接着就是孩子，然后就发生了一些意想不到的事情。和他们不寻求任何人同意地生孩子相比，就像同性恋一直以来所做的事（你可以问问拜伦，他有三个女儿）……他们开始考虑到，“只有异性恋才能生育”已经不再是自然的法则，而是一种歧视，一种需要社会来修正的歧视。你不相信？去读读那个时候的报纸吧。不是所有的同性恋都是那样，远不是这样。但有一些小群体，他们很激动，持有着一种非常肯定的语调，让他们的对话者溺亡在一种不可避免的修辞之中。你猜发生了什么？措手不及的异性恋们，为他们自己的优势感到尴尬和羞耻，认为自己长时间地掌控了“不公正和歧视的生殖秩序”，于是变得更加低调，并且将这些现存的技术开放给那些一脸严肃地宣告自己“在一起生不出孩子”的同性恋者。

这很荒谬，你知道的，玛丽。这些行为使人狼狈，但是更糟糕的是，这些喷涌而出的言语中充满了怨恨。

生物学家们对自己的事业充满激情，但是我必须先告诉你法学家所做的工作，因为我们必须给那些拥有两个爸爸或两个妈妈的孩子一个合理的公民身份，但现在，这件事被放在了一种似乎不可能的处境中。[1]

在这个问题上，一些充满活力的年轻人提议，以性别平权的名义，将父母“中性化”。中性化，玛丽，你知道的，就像我们“宣告一艘战舰中立”，是一个危险的敌人！（每次我都会被无意识的天才震慑，它总能揭示我们想隐藏的东西，你一定懂我在说什么，玛丽……）中性化，就是将父母的性别抹去，不在意他们性别的区别。你还能明白吗，玛丽？的确，这一切都变得有些复杂，但是正巧就出现了一个理论让我们知道性别的不同被废除了，通过一个心理学的规定，男人就是女人，女人就是男人，有性别这件事不过是一种凶险的困扰。叫别人“小姐”成了一种歧视，而且这个词从官方文件中消失了，因为同样的原因，人们还建议更改“幼儿园”[2]这个词。在瑞典，男用的小便池被禁用，因为这被认为是一种严重的性别不平等的象征。在一些学校，对一个小男孩或小女孩强调他/她的性别，是一件违法的事。

法律就是在这样的环境中建立起来的，法学家因此非常窘迫。

---

[1] J.-P. Winter, *Homoparentalité*, Albin Michel, 2010.
[2] “幼儿园”法语中是écoles “maternelles”，引号中的词义为“母亲的、母性的”。——译者注

突然间，一个孩子多出来很多家长。在实验室里被造出来的孩子由另一个不认识的人孕育，有时候还会和另一个孩子一起，即使是亚当和夏娃也不认识这个孩子，他们出生之后又被还给深情的“下订单的人”，不管是不是同性恋。怀着孩子，并且将孩子生出来的那个妈妈不再是妈妈。而他的父母是“有意图”的父母，这又是一种新的语言。这就是法律所说的，生孩子不再是一种欲望，而是一种企图，并且异常坚定。再也没有性，而你知道的，那“古老”的欲望里还是包含了性的。他的祖父母？如果一个孩子是来自购买的或捐赠的匿名配子，没人真的知道他们是谁。

但是这其中的所有人都是有爱的，玛丽。代孕母亲喜欢给别人生下自己孕育的孩子。有意图的父母喜欢代孕母亲，并且将她们的照片挂在客厅的烟囱上，但是他们不总喜欢国家制定的法律，因为法律试着在平息如此多的激情。有些政治家喜欢这些充满爱的事，而妇产诊所的主人热爱将红利收进自己的口袋。

那么多的爱啊，玛丽！那么多的爱，过多的爱。或许是这种相同的、激荡的爱将雪莱吞没到了海浪之中。

法学家做了什么事，玛丽？在英国，你的家，一位两个孩子的母亲变成了一个著名男歌手的丈夫。他们和谐的爱情与家庭引起了各种议论。他们给两个儿子起了出自圣经的名字，我不知道为什么我要跟你说这个，玛丽。

在魁北克的民法里有以下条款：“如果双方都是女性，法律将父亲的权利和义务赋予两位母亲中没有生育的那一位。”“两位母亲中没有生育的那一位”：你听清楚了吧，玛丽。

“基因的供应者”代替了“父亲”，这是在魁北克还有西班牙，对亲缘关系规定的法律。

在西班牙，是“提供基因者1号和2号”。

因为惧怕不能科学地表达，这些法学家变成了工程师。

就这样，父母亲被中性化了。

“父亲”和“母亲”这两个词将被无情地擦去。

这些法律条文很快就会成为新一代的人类学基础。玛丽，这一代人会成为什么样子？

然后对其哪怕只有一点的批判，马上就会被认为是厚古、恐同和反动。

在科学进步的同时，世界也越来越疯狂，玛丽。一种激情让人类误入歧途。这种激情和你隐约看到的类似。现在的情形已经变得越来越难以理解。

或许是令人盲目的。

所有这些，并不在个人的谵妄，而是体现在法律之中。这是一种整个国家的不协调，一种体制化的疯狂。

▶▷ 克隆：从相似到相同

“我们的弗洛伊德是第一个揭示家庭生活有惊人危险的人。”——阿道司·赫胥黎，《美丽新世界》

发生了一件不可思议的事，玛丽。人们学会了从细胞中分离细胞核，那里面包含着遗传物质。然后将其放在另一个去核细胞中。接着放在一个人的肚子里。这种戏法我们将其命名为“克隆”。再也不需要爸爸和妈妈了。宝宝们互相成了孪生的。亲缘关系不再“延续”，而是停滞不前。区别化受到了严重攻击。

母羊多莉在1996年出生了。它是第一个没有父母的哺乳动物。它的“母亲”是一只死亡母羊的乳房。人们给它起名为多莉，一个娃娃，介于女性和事物之间。有的人能够感受到一些事正在机械化，有的人想到了霍夫曼离奇的故事里的发明家斯帕朗扎尼(Spalanzani)为了取悦他的主人所制造的娃娃。名字里有两个“l”的斯帕兰扎尼(Spallanzani)是修道院院长的名字，他是在法国大革命期间第一个尝试人工授精的人。就是将精液混在一起，玛丽。他对此既不了解也不理解。

但是还有另一件事。

在2002年圣诞节后，雷尔运动者们宣告了世界上第一个克隆婴儿的诞生。这是一个宗教团体，他们的特点之一就是对人类起源有一种妄想。他们认为人类是由外星人创造的，而且人类的起源最终无法避免的是一种神秘技术。这当然是不正确的，如果一个新闻必然不是真的，那只不过是供人们一笑了之。但是这里涉及的不仅仅是克隆人类的诞生，而是科学和疯狂令人担忧的相遇。

雷尔运动事件，不管是不是一种商业的欺骗，都不是一种纯粹科学之外的“偏航”。相反地，这个缠绕不休的问题，是科学在这场剧中到底扮演了什么样的角色。尽管克隆被严厉地谴责，但它仍是一项无法停止的工作。从这令人追悔的故事中，科学应该说些什么，不管人类克隆是否真的会实现。

在这个假新闻持续的几周里，很难想象，克隆只是一个为了缓解不育症的技术。克隆的确是研究者的热情所在，玛丽，就像维克多所创造的怪物。这个怪物并不是从实验室里走出来的，而是由维克多创造的。

也就是这天，人们建议将克隆人类的行为命名为“反人类的罪行”。这发自内心的一声呼喊，玛丽，是你们之后的那个世界带来的最可怕毁灭的回响。这是我们在自己所不理解的事物前正确的退后行动，但是又像那些对人类最剧烈的打击般骇人。

这种压缩和暴力，让人性在渎神和恐惧之间充满了憎恨。这个虚构的孩子名字叫夏娃，玛丽。这是对犹太世界的嘲讽！想象她出生在圣诞节那天，对基督世界是另一种嘲讽！她既是她母亲的女儿，又是她的孪生妹妹。对父母这个概念何尝不是一种嘲讽？基督世界、犹太世界、两性关系结合、生育、时间性、一代代人的延续，这些都受到了嘲讽。

值得注意的是，对这种疯狂的最佳解释是这些疯狂的人本身。通过对这个孩子名字的选择，以及这条假新闻发布的时间，他们似乎在向西方的一神论发起挑战。通过这种设计，人类已知世界以及将它联系在空间和历史中的事物就会断裂开。如果我强调说这是一种解释的行为，那是因为在整个生物界中，提起宗教就是为了更好地蔑视宗教。如果对“父母”这个类别的打击和要求对一切禁忌给出理性依据（对于科学真相模式的理性依据，通过证据和显微镜）的权利同时出现，那是不是一种巧合？所有的法律的核心是否都变为宗教化和冲动的受害者？

那包含在这裂缝中惊人的能量，凝结和憎恨，让人能够预感到某种毁灭性。“克隆，是一种没有妥协的生育”，一个组织的发言人冷酷地说道，这个组织捍卫每个人按照自己的理解去生育的权利。在这种怨恨面前，人们感到咋舌。

技法很小，造成的裂痕却是巨大的。让这种恐惧出现的并不是克隆。我们需要解读的是它“留白”的部分，在它没有表达出来的和它号称与其决裂的事里。

克隆，与父母决裂，从创造克隆的社会无意识意义来看，在社会创造出克隆的那一刻，并没有其他的意义。当然不是真实的父母！也许是模糊又有威胁的形象，将所有关于约束的形象压缩在一起……在它们背后，与所有“类似人类”的身份认同产生了决裂。在一个人类世代延续的人类学框架下，父母不是孩子，他们之间建立起了区别。和区别一起的还有对追求愉悦和思考的限制。人类发明文化的精华，就是我们所说的文明。认为克隆能让我们跨过所有与区别有关的问题：不同年代、爱与冲突、身份认同与区别化，当然是彻头彻尾的荒谬想法。但这并不能阻止转变到“科学”行动的过程，成为问题的所在。科学的无意识，无意识科学所说的就是这些。

这完全是混淆概念！也就是说“你将离开你的父母”，是一种创造性解放的意思！从一直流传的强调区别化的话语来看，这些像极了一种精神病式的去隐喻化……

“父母让一切从零开始”会不会成为我们这代人的口号？

这就是受到攻击的人类学框架：这个框架让人对制造的方式有一

种冲击和病态的感受，并且越来越尖锐，从一个被要挟的孩子到一个意识形态口号的方式，一个意识形态上的孩子！

面对这种堕落，需要付出很多努力，玛丽，因为这是以父母之爱的名义蔑视父母。无法分离的弑父母和弑婴，生产者和被生产者的混淆。但是你知道在心理层面，相互区分是多么关键的事！当然，这一切都在嘲讽着所有反对意见，然后从压抑的悲伤情景和所有感觉到一些事不对却无法说出口的人的无力感中，获得一些愉悦。

“与父母决裂”，这是科学的命令吗？这里有一个不能忽略的时刻，玛丽。在美国国立学院面前，著名的遗传学家和疯狂的雷尔运动者同时表演着。这是一种令人诧异的靠近，反对疯狂和科学理性化根源的联盟，正在一步步处于占据性的位置。同时，宗教记忆被提起并且逐渐失去信用。那是为了更好地被重新质询？

科学本身不具有对它自己产生的这一幕不正常剧集阐释的工具，而且很多小说，不管是哪种模式，都是预言性的。

科学是否想要拥有反对亲缘关系的逻辑，甚至是亲缘关系本身的逻辑，直到擦去自己的名字？这样的一种攻击、对一个梦或噩梦的压缩会有什么意义？这是令人追悔的疯狂的一阵冲动还是我们需要意识到一个更令人担忧的假想：科学理性的力量与对所有身份认同的拒绝形成一种联合？是所有限制的终结？这些就像是“被包含”在谱系中？

相同已经出现了，玛丽。当一对夫妇在创造孩子的时候，有一千多种的可能性，完全不相同。而现在，是相同的，会有和他父亲一模一样的孩子。一模一样。当然，只是在生物学上。但是，将他们创造出来的那种激情到底有何诉求?

在一本非常美妙的书——《你将离开你的父母》[1]的前言里，这位精神分析学家写道，他的作品是源自下面这个问题：一代人应该给下一代人传递些什么，来使下一代人能够离开他们?

离开他们，是心理层面的离开，可不是身体离开。

▶▷ 子宫机器

"我们生活在一个异常奇怪的时代。我们会惊讶地发现，进步和野蛮签了一份公约。"——西格蒙德·弗洛伊德

因为我对这些一直以来都很感兴趣，玛丽，很大程度上是托你的福，我经常收到一些参加讨论的邀请。有一天早上，我收到了这个邀请。它的发起者是一个组织，他们要求我们对不断涌现的新提议的优缺点进行客观、理性的思考。理性且冷静，玛丽，你应该很明白。这次的问题是："为什么要有人工子宫?"

"……人工子宫引起了无数的疑问。一方面是从技术考虑，如何创造合适的环境，让胚胎能够在母亲的体外生长?现在的研究进行到哪一步了?但是，在这些纯粹的技术问题之外，还牵扯到一些伦理、法律和社会的问题，这些问题是根本的，需要引起我们的关注；我们是否准备好了重新思考生物学之外的母性?人工子宫是一种根

[1] Philippe Jullien, *Tu quitteras ton père et ta mère*, Aubier, 2000.

源性的改变还是不过是越来越医学化生殖的进一步发展？怀孕的肉体感受是一种人性还是不过是我们动物性无数变体中的一种？我们要考虑哪种判断？

您作为精神分析学家的看法在这场讨论中似乎是无法回避的……感谢您，亲爱的女士……"

就是这样，我们被要求用极其冷静的论调说着有关彻底弑母的事。

几个月之后，我又被邀请到了一个节目讨论同一个主题，这次我接受了，仅仅想支持这个问题："为什么，我们为什么要做这件事？"玛丽，有一位产科医生说那是为了一些不育症的女性，她们有这个需求，而我忽视了她们的绝望等。还有一位人类学家长篇大论地阐述在历史上一直都存在着各种不同形式的父母……这些人，我们总是能够听到他们的论调，玛丽，他们博学却完全不敏感。这就很快体现了与情感基础完全切断的思想，玛丽，不再回响的追求理性的激情，就像皮埃尔·特威利尔所阐述的那样。

一切都变得科学化了，我们总是很博学地讨论着。在最柔软的区域有一片寒冰。还有一些命名为"性权利和生育权"的研讨会。听上去没有那么诱人。诗人、剧作家要抛弃他们永恒的主题，男人和女人，他们之间的吸引和游戏，他们再也不吟唱这些了。人们可能会说，这是科学在反哺这个充满神秘的问题。

"技术有一个计划，就是检验这个世界"，海德格尔写道。

这段时间里，实验在孕育的两个极端上进行：体外受精的技术延长了未植入的胚胎的存活时间，新的生育技术让母亲可以在胎儿 22 周时就分娩，尽管胎儿的肺部此刻还处在液体环境中。

有些孩子，在离人类的无意识最近的年龄，表现出了令人印象深刻的直觉。例如，当人们问一个小女孩科学家要做什么的时候，她回答道："科学家？他想要消除人类的缺点。"她把"消除缺点"（guerison）这个词误写成了"guerrison"。

另一个孩子，在提出父母最难回答的问题——"孩子是从哪里来的"时，口误说成了："父母是从哪里来的？"

►▷ 关于小种子的几个故事……

"当人类拥有的法律能够决定胚胎的性别，并且能够按照人类的意志来应用的时候，会发生什么？然而这些法律被认为会在不久的将来出现。"——欧内斯特·勒南，《哲学对话》，1871

男士们的小种子数量庞大，并且很容易获得，你应该猜得到为什么，玛丽。但是要获得女士们的小种子，即我们所说的卵细胞，就完全是另外一回事了。吝啬的大自然只让女性每月拥有一颗卵细胞，而且是在一切正常的情况下。有些女性甚至不能产生卵细胞。在这种情况下，她们就要去别人身上找，一个陌生人或是一个朋友，一个充满同情心的、愿意将自己的卵细胞捐献或出售的人。有些女人无论如何也不愿意捐出自己的卵细胞，因为对她们来说，这小种子已经是她们的宝宝，不可能将它放在别的女性的肚子，或是生命里。但也有其他的人对此没有什么想法。

另外，在卵母细胞成熟的幽暗处，要找到卵细胞并不是一件简单的事。人们找到了一次产生5个、8个、12个甚至更多卵细胞的方式，是为了一次将它们全部提取出来。这很不容易，但是人们最终学会了将它们冻结，像精子和胚胎一样。可是匮乏永远存在。人们很明智地只要那些已经成为母亲女性的卵母细胞，这是为了避免引起女性的不愉快……在成为母亲之前就是母亲，是母亲却又不是母亲，另一位母亲抚摸着自己的孩子却浑然不知，我真的不知道要怎么跟你解释了，玛丽！不过卵细胞依然是匮乏的。然后，一位著名的专家有了这样的一个想法：建议那些未生育过的年轻女性捐出一些自己的卵母细胞以换来给她们自己的一些免费服务。冻结、储藏、我们还会说“玻璃化”（你知道的，就像地板那样！）她们年轻又健康的卵母细胞，为了让她们能够专心地完成长时间的学业和照顾自己的事业，不需要如履薄冰，因为她们始终拥有青少年时期的卵细胞，而且是自己的卵细胞。这确实是值得考虑的！有的人认为这个想法实在是很奇怪，但是人们找到了一个相应的词，我已经跟你说过，新的词汇不断涌现。人们将这种粗野的操作叫“社会指标”。谁敢质疑这样的新发明……“指标”让人感受到了科学的权威性，“社会”，那就是有益的！所以这个现象变得常见起来：一些年轻的女性，受到宣传手册的影响，在大学校园里售卖她们充满青春活力的卵母细胞以获得学费。但是还有更甚者：一个操纵阴晴表的非常大的跨国公司，坚定地为自己的员工提供完全免费的这项服务，为的是让公司能够充分利用年轻人的活力，而不受到员工怀孕的影响。

当一个年轻女性住在贩卖卵细胞只有在邻国合法的国家时，她每个月都会跨过边境去售卖自己的卵细胞，那是她的身体每月准时提供给她的财富。

“冷冻自己的卵母细胞不会伤害任何人”，一位著名的哲学家这样说道。“如果人类造物主还因为违抗自然和上帝律法而害怕被惩罚，那是令人无法忍受的无知。”

不过，有些人考虑的可能不是这件事。也许他们在自问，如果一个年轻女性希望她作为母亲的初体验是技术和商业的，而且对自己卵细胞的命运毫不关切，不论它是给一个陌生人，或是被放在科学的冷冻柜里的，那这项技术似乎是必不可少的。如果科学没有做得太过分，那么理由呢？这一切背后的目的到底是什么呢？

这也就是他们受到惊吓、往后退的原因，像维克多和玛丽，他们并不是一直都清楚原因。但是因为某种我们无法具体和立刻给出的原因感到害怕，这是一种反科学的态度，被认为是另一个年代对宗教的依赖性。

“我们以什么样的名义阻止女性生育的自主权？而这为什么不是针对男人？”一位妇科医生愤怒地说道。“女性生育的自主权”，只要是秉持着一个科学家的样子，人们真的什么都会说出口！这语言本身散发出了一种强烈的抽象和操纵的味道。一种诡异的冷漠占据了所有。一方面，是超出界限的火焰。另一方面，是我们冷冻精子、卵细胞和胚胎的寒冰。两性之间是否有着一种冷漠，玛丽？我突然就想到了在浮冰上的那怪物用来自我牺牲的柴堆。火，冰，你已经看到了一切，玛丽。

在这些去掉感情的词汇出现的同时，另一种去掉了所有感情的思想正在树立。这让人感到恐惧，这种不能体会到任何感情的思想，在被要求沉默的身体和思想之间，有一种撕裂，但这依然来源于思想，永远要求更多的证明。就好像我们失去了一种关键的一致，还有构成心里生活的人与人之间和谐的对话。另外，对于那些生物医学新技术的候选人，人们所谓的对这些技术提出要求的人，我们并没有为他们设想任何心理活动。一种空虚的对社会标准的偏执正席卷着整个社会。

“那么多的证明让真相疲累”，一位画家[1]在格言录里写道，这位画家经历了我出生的那个世纪。

在需要小种子的地方，玛丽，人们就会找到收集它们的地方：诊所、中心、配子银行。为了更好地售卖，他们给最本原的事扣上不靠谱的帽子。一些机构宣称人类繁殖效率低下，成效令人失望，而且结果经常是不完美的！四次就能怀上孩子，不然就退款！怎样才能抵得住这样的口号！

为了这个人类产品能够达到完美，整个筛选过程是非常严酷的。配子的捐献者需要满足一些前提条件。生理上：他们要年轻、高大、俊秀。智力上：获得博士学位的人有专门的一个分类，但显然还不是最昂贵的等级。有着最优条件的人捐献的“博士卵细胞”能够获得最高50000美元的丰厚报酬。所以大学校园经常是筛选捐献者的地方。

潜在的客户可以在网站上通过翻看菜单结合多重标准来设想一个样本。我们可以选择人种、头发的颜色、眼睛的颜色、身高、体重还有受教育程度。然后，根据预算，还可以获得一些新的信息：录

---

[1] Georges Braque, Le jour et la nuit – Cahiers de Georges Braque, 1917-1952, Gallimard, 1988.

制的声音、孩童时代的照片、已获得的孩子的照片。费用最高的项目还可以让之后出生的孩子与一些名人有相似之处。一位加利福尼亚州的医生就号称自己为婴儿的“设计者”。一些配子银行还会提供宗教和其他信仰的标准，还有从死亡男性身上提取和储存精子的服务。

关于小种子的故事还有很多，更加复杂。

有些小种子属于非常杰出的祖先，这里我需要给你上一节生物课，玛丽。我们把这些祖先称为“多功能干细胞”。这意味着它们有着自我更新的功能，并且在某些特定的条件下，还能自我转化，分化成所有其他身体的细胞。

其中也包括生殖细胞，玛丽。

它们可以成为胚胎干细胞，就是我们在脐带里也能找到的细胞。然后，我们学会了通过重组身体细胞来制造新的细胞。

这前景已经不能更光明了，玛丽。在医疗方面的前景可以说是巨大的。人们可以通过这种方法修复损伤组织，治疗受损的器官。

然后，科学家成功地把胚胎干细胞转化为精子细胞，这是精子形成的最后一步。接着转化为卵母细胞。而当我们对重构身体细胞做同样的事时，有趣的就是细胞里的遗传物质和那位要求者是一样的！

通过将多功能细胞转化为女性生殖细胞的方式，我们能够获得数百个卵母细胞。我们可以制造所有我们想要的胚胎。遗传学的进步让我们可以进行“胚胎植入子宫前的诊断”，能够评估它们的优缺点，还有风险因素。在这里，还有另一个要讨论的问题：体外受精的数量在不断地增加，但是几乎达到极限的成功率也就在20%左右，畸形的胚胎没法成功地被植入子宫，还会引起流产。为不育夫妇所制造的85%的胚胎都无法成功地植入。当女性达到40岁时，她90%的胚胎都带有某种基因缺陷。胚胎植入前诊断不仅可以保证健康的孩子，还能提高体外受精的成功率！

另一方面，最黑暗的噩梦，顶着医学进步的名号正在变成现实。人类很快会像养殖动物一样开始筛选他们的孩子。一种温和的优生学正在不可避免地出现。你的国家，玛丽，英国，已经拥有了一本可靠的“不理想条件列表”。这个列表里的孩子的不理想条件是允许被去除的！连“斜视”也算在里面！法国有一个组织，叫“Cofrac”，实施医学支持的生育和对其标准进行评估，和农产食品、环境、土木工程、信息技术评估同等级别。

“人类产品”开始越来越标准化。一切似乎都在走向一个统一的形式。就好像人类试图调整出一个完美的样子，之后只要照着这个模板不断复制即可。

人们同样让三种DNA进行人工结合，体外受精的价格下降，数量在增加。女性也可以自己选择绝育来避免之后的避孕措施。然后向实验室指定要一个孩子，当然也可以提出一些要求。

我们还可以拥有胚胎库，不育的夫妇或者同性恋人可以查询“数据”以在其中做出最好的选择。

所以，我们很快就能向组织任何工业生产一样组织人类的繁殖了。我们发明了一个消费者的谱系。“一种屠杀了亲缘关系的孕育”，皮埃尔·勒让德无情地写道。

也许这些在道德上都是值得讨论的，但是在利益方面是不需要讨论的。美国每年能因此获得 120 亿美元的收益。

或许以后在床上孕育出来的孩子数量会比在试管里孕育出来的孩子数量少。

科学家已经开始研究如何将男性的多功能干细胞转化成卵母细胞。你明白吗，玛丽？我们在制造女性精子和男性卵母细胞。这让同性恋人不但能够一起抚养孩子，还能共同孕育孩子。两个父亲或两个母亲孕育出孩子变得有可能。如今我们真的要结束“父母”的时代了，这陈旧的东西，那些关于人类结构的双重性的鸿篇巨制，让我们学着感到荣耀而非去爱……

有些人在庆祝这些技术大大减轻了不育者的负担，有些人在重弹老调，说着不同的人有着不同的成为父母的形式，然而这只会让我们更加看不清这一切的出现为我们的这个世界和我们的这个时代所带来的问题。

有些男人生孩子了，玛丽。一些跨性别者保留了他们的子宫。世界上已经有几十个这样的人了。

子宫，也可以通过签合同被租借，玛丽。我们用一种模仿“生物伦理学”的语言，把这称为“为他人怀孕”。[1]一般来说是将比较贫穷女性的子宫借给家境富裕的夫妇，无论是异性恋夫妇还是同性恋夫妇。豪华的版本，加利福尼亚提供所有可选择的标准，我之前跟你说了。最简陋的版本，则在印度，从怀孕的第一天到最后一天，

[1] Voir Muriel Fabre-Magnan, *La gestation pour autrui – Fictions et réalités*, Fayard, 2013.

可怜的女人会一直被关在药厂里，直到她们的孩子被拿去送给下订单的客户，她们才能拿到一点点微薄的报酬。这些女人并不是她们自己分娩出来的孩子的母亲，玛丽。这些孩子属于那些“下订单”的母亲。我们通过思想变为母亲，而不是通过身体。一切都在变得思维化。当然，我们在避免说“贩卖”，因为自从奴隶制被废除后，人是不能被贩卖的。但是合同中的“delivery”，即运送孩子，恰恰是交易中才会用到的词汇。

还有一些不可避免的矛盾。没人想要的畸形儿、离婚、分离、死亡。这让我突然想起来，一位法官有一次判定冷冻胚胎需要两个人共同保护。

我经常会深思保罗·瓦莱里写的《进步的对话》：“很快，新的世界将会孕育出在精神上毫不依赖过去的人类。历史给他们提供的是一些奇怪的描述，几乎是不可理解的，因为对他们的世纪来说，过去没有任何参考价值；过去没有任何事是延续到现在的。”

就是这问题，一直在我的脑海中挥之不去，玛丽。

这种折断的声音。

►▷ 反动者、蒙昧主义者和“生物保守主义”

不要以为这一切的发生不会引起任何骚动，玛丽。但是要怎么想？怎么说出来？一方面是可爱的孩子、幸福的家庭、医学和科学的进步，那些证明、数字、承诺。有益和危险的可能性混杂在一起，无法厘清。另一方面胚胎被存放在液氮中，变成了实验对象，被售卖、购买、使用、摧毁。一些使用的假体和人种操作的因素打开了新的空间，而那里的权力被我们忽视至此。更难想象的是从科学这种善中产生出来的恶。科学难道不是文化中最美的东西吗？科学不就意味着通过几个世纪的努力，与蒙昧主义、无知决裂，并且引起无限的希望吗？但是，我们需要看到一个新的现实，很少有人理解。科学与技术无法分离，它并不描述，而是在行动。科学在挖掘、重塑。它并不解释现实，而是将现实转化。当它成为贪婪的市场的目标时，就变得失去了控制。

如果我们不通过承认自己感到不安的方式来抵抗这种震撼，那么我们还能做什么？有些人认为，这种暴力和人类学的危险是不值得去尝试的，不是因为他们是蒙昧主义，就像我们为了让他们失信所说的那样；也不是因为害怕，或者是与宗教相关的名义；而是因为如果这会损害人类思考的能力，意识、表达和相异性的结构，那后果将是不可逆转的。

这些为文明的崩塌感到担忧的人们，他们不是蒙昧主义者，这文明的崩塌来自对生物无区别化的处理。他们在寻找他们的言辞，他们在试着支持自己的观点。他们没有被代表，也没有任何关系，也不属于官方的决定。

“蒙昧主义者”，这是一种诅咒，没有呼喊的判决。

只要是有一点点的反对，不管在哪里，“反动者”就会经常被人提起。这个世纪是好的。它摆脱了对过去的迷信以及巫术，就是摆脱了过去。人们唱着，“过去一切清零”。

这个世纪醉心于理性的胜利，正飞向它的未来。

一种新的罪名出现了："生物保守主义"。因为这是根据某些人的想法，对人类变化提出的一些保留意见，本该是供人一笑的事。但完全不是这样，人们说教式地讨论这件事。

你不应该笑。

我保证加入他们的团队会让你感到荣耀！这个"没有证明"的团队，他们知道意义常常是看不到的。醉心于求知，他们也知道，客观性、联姻关系、亲缘关系都不属于科学，大脑不是心理的，克隆并不会解开相异性的谜团，经验借助于科学，但同样还有表达、对话、仪式、神话、背景、内容来留下它始终不能理解的事。科学不是理性的唯一标准，而理性也可能发展成一种疯狂。而科学，这个文化产生的最美好事物，也会用最远古的方式给文化根基带来威胁。一种剧烈的去隐喻化运动像是把我们从描述性的《创世记》带到了实证性的遗传学。

如果是蒙昧主义者，《基因的欲望》[1]的作者雅克・泰斯达，怎么会写出这本书，仅仅从题目中就能看出科学被一种自己都不知道的欲望所掌控？

如果是蒙昧主义者，在"儿童精神病日"闭幕式的发言中，雅克・拉康又怎么会说道："鉴于人们并没有意识到自己的身体已经成了科学研究的对象，我们将很快有权利为了交易将身体肢解"？

如果是蒙昧主义者，凯瑟林・拉布鲁斯 - 里欧大学的学生和法

[1] Jacques Testart, *Le désir du gène*, Flammarion, 1994.

学教授又怎么会在《被生物学掌控的权利》[1]一书中追问在科学中究竟发生了什么？从知识、经验和法律的角度看，在生物技术中究竟发生了什么？

如果是蒙昧主义者，天体物理学家米歇尔·卡斯又怎么会表示硬科学并不存在，甚至科学都不存在，并且在他的研究对象、概念和用词选择中，不带有贯穿整代人问题的印记？

如果是蒙昧主义者，科学哲学家让-雅克·萨罗门，又怎么会无畏地给他最后的一部作品命名为《在科学中求生》？[2]

如果是蒙昧主义者，物理学家和数学家奥利维尔·雷伊怎么会写出《步入歧途的路径：论科学在当代荒谬中的作用》？[3]

如果是蒙昧主义者，令人为其感到遗憾的皮埃尔·特威利尔怎么会在《大爆炸》[4]中质疑西方世界对客观性的顶礼膜拜，并且得出结论认为这将是对文明象征的摧毁？跟着精神分析学家比昂，我们会发现"回响"（是一种没有引起反响的理性）的缺失同时在科学和精神病中出现，由此证明了科学会造成精神分裂症！

他们不是蒙昧主义者，玛丽，他们只是害怕。但是，与其否认自己的害怕，他们选择了追问。一位我们时代的伟大哲学家，汉斯·约纳斯[5]也没有做其他的事。他承认自己感受到了一种威胁，那

[1] LGDJ Bibliothèque de droit privé, préface de Catherine Labrusse-Riou, postface d'Antoine Danchin et Monette Vacquin, 1996.

[2] Jean-Jacques Salomon, *Survivre à la science*, Albin-Michel, 1999.

[3] Olivier Rey, *Itinéraire de l'égarement, du rôle de la science dans l'absurdité contemporaine*, Seuil, 2003.

[4] Pierre Thuillier, *La grande implosion – Rapport sur l'e ondrement de l'Occi dent 19992002*, Fayard, 1995.

[5] Hans Jonas, *Le Principe responsabilité*, CERF, 1990.

是唯一的罗盘，指引我们想象一种对已招致的危机的责任感，尤其是那些我们为别人招致的危险。

如何在不被指控成蒙昧主义和不处于防御位置的情况下，去批判那停驻在科学里的人类造成的恶果？这可能吗？又是以何种形式？

我感到震惊，玛丽，是因为那些冒着风险去批判的人，似乎只能用小说的形式来做。你是第一个。你之后的其他人，让我们把他们称为“现代性的预言家”：1920 年扎米亚京的《我们》，1931 年赫胥黎的《美丽新世界》，1949 年奥威尔的《1984》。这三位作家都属于我们糟糕的 20 世纪上半叶，玛丽。他们中没有一个人是蒙昧主义者。他们中的每一位都将人类社会的优化，甚至人种的优化作为小说背景，这种优化或许是拜科学所赐，或许是在操作和功能上有所进步。每一位都发出了警告的呐喊：“不要过去！那是一种恶，一种无法撤销的恶，这种财富是极端可怕的。”这些作品像是对之前几个世纪的乌托邦社会的回应：通过科学的进步和良好使用理性来获得合理的幸福。

这恰好就是马尔塞林・贝特洛所表达的愿望：“科学不但需要物质上、精神上的指引，还需要社会道德的指引”。

科学哲学家皮埃尔・特威利尔描述了一个现实，科学在它背后留下的是一个停滞的世界，在那里，感觉和感情被完完全全地瓦解了。这个世界里的人在心理上是和周边环境割裂的。这个世界里的生物和非生物没有什么区别。一个被命名为“唯一大脑”的世界，意味着没有任何回响，没有多义性，所有含义都是单线的。在他作品的最后，他摊牌道：科学是一种狂热，这种狂热反映出一种普遍文化的病理学，来自客观化和恋尸癖。

仅是科学，没有办法给予人类描述自己和所经历之事的必要手段。

但这让理性中毒的毒药是什么呢，玛丽？如何在不抛弃我们理性的情况下给这无法估价的财产命名？

这就好像理性只能在理性之外建立那样，是一种近乎疯狂的理性。皮埃尔·勒让德，我们这个时代最伟大的思想家之一，谈论着理性疯狂的考验。“这一课，就是告诉我们在理性疯狂的考验里，理性和不理性打着交道，”他写道，“我们所谓神话、宗教、艺术的功能，是让这场疯狂的试炼出现在话语中，来去除它可能产生的灾难性后果，使它文明化。”[1]

这大概就是弗洛伊德在他高深莫测的直觉中感受到的：虽然他在写作中不乏理性独裁的支持，但他依然认为知识有着偏执的本质！知识在迷失，在自我毁灭，它爆发出的天才就好像它的无力感一样强烈。这有点像那些传统对视觉的怀疑，玛丽，视觉是赞同对表达的禁止的：也就是因为犹太教的杰出，他们不再信任视觉。因为有这样一种显著的能力，他们才冒险去幻想，就像戈耳工神话所展示的那样。这会变成偶像崇拜，阻止意义形成的缓慢过程。听啊，以色列……

于是我们更好地理解了之前提到的三部小说站在伦理学的立场上，想要重构隐喻化的欲望。他们需要重新给被强有力的思想榨干

[1] Pierre Legendre, *Le point fixe – Nouvelles conférences*, Mille et une Nuit, 2010.

的身体一些血肉。他们的地位展示了一种功效：很少有小说能够这样激起读者的思考，让他们认为自己不再置身事外。我们既不活在扎米亚京笔下的世界，也不在“美丽新世界”，更不是奥威尔的“1984”里。但是，我们在阅读这些书的时候却被一种焦虑包围，因为20世纪的极权主义就像是一些创伤记忆，让我们被要求了解自己是谁，因为那些试图传递着人类经验的话语和表达正在减少，因为如赫胥黎所预料的，给予人类干预手段的生物学的发展，或是因为对最复杂的人类发展趋势的认知……这是自愿成为奴隶？是包含在理性中的、对疑难的认知本身？是在它保证动态平衡虚幻的诺言之中的奇怪约定，使知识有时看起来和死亡冲动相联系？还是回到未分化状态的致命吸引？

拉康在关于伦理学的研讨会上展现出了他惊人的直觉：“在这整个历史阶段中，人类的欲望……就是藏在了一种最精巧、最盲目的激情之下，就像我们在俄狄浦斯的故事里展现出来的对知识的激情。这种激情正在引领着一辆毫不作声的火车。

……事实是他们放任自流，而科学借助了我们现在需要实现的复仇，获得了一些信任。这是一件奇幻的事，但是对那些正站在科学进步风口浪尖的人来说，他们应该很清楚地意识到自己也是站在恨的墙角。”

恨，在这个和平的世界里？这还不是最令我们惊讶的事……

▶▷ 沉默，我们在变化……

“有人告诉我，你们有一种花招，让人类永生变得可以理

解。”——欧内斯特·勒南，《哲学对话》，1871

对于保证质量制造的掌控，还有待提升。“在我身上的一个新的物种将感谢它的创造者和来源”，你这样写道。

但是，当怪物提出要一个异性伴侣，也就是意味着它们要在人类世界中繁衍后代时，维克多退缩了。

维克多退缩了，可我们仍在前进。

你的噩梦正在变成现实，玛丽。

从根本上来说，你的噩梦除了告诉我们作为主体的人类，以及他们的联姻关系和考验，没有告诉我们其他任何事，科学没有和我们说任何事。这也就是你噩梦的任务，它的伟大之处在于意识到这件事。

人们本可以遂自己的意愿继续去解读这个世界，但是我们正在通过检查这个世界来毁灭它。

现代普罗米修斯是古代的俄狄浦斯，他需要面对自己希望成为全能的欲望，根据一种顺序占据所有的位置，并且留出给其他人，留给区别。这样他丢失了全能性，却也少了一些孤独。

如果你在写《弗兰肯斯坦》时就预感到了这些，那么它在你之后的作品《玛蒂尔达》《最后的人》中变得更加精练、确定。尤其是在这篇写在弗洛伊德和兰波之前的文章里：“俄狄浦斯，我也会成为他，我不应该玩弄着一个谜语，但是我生命中的痛苦和折磨将会帮助我解开命运的谜，还有一个谜团的秘密，对它的解释将会给整个人类历史画上句号。”

我们已经到了这一步。我们对解释的渴望吞没了所有的表达能力。为了科学，人类正在不可避免地变成事物。盲目地，就像俄狄浦斯。这是一个解释吗，玛丽？世界末日？我记得，这是“揭露”在希腊文中的含义。

童年时期令人惊叹的“为什么”变成了虚无主义可怕的“为什么不”，意味着拥有一切，毫无禁忌地要求一切理性的证明。

我一直对这个问题感到不知所措，玛丽，直到我有了这个夸张的想法：理智还不足以划出界线，但是界限却可以让人找回理智。我们不是通过理智来设置禁忌，而是通过禁忌来得到理性。禁忌（在我们之间说）是一个谜，我们不知道谁建立了它，但是理性从中通过不同的位置和非占有的延续显现。

就是这样出现了一些想将我们优化的人，玛丽。让我们更加聪明、更加幸福，让我们永生。我们把他们称为超人类主义者。他们想运用一切技术协调的力量试验所有的可能性，让人类达到超人类的状态。协调是其中的一个关键词。这意味着放在一起发展，同时加强了纳米技术、生物学技术、信息技术还有神经技术的力量。这些作品的主人是人工智能的专家、遗传学家和机器人专家。他们将自己的计划视为不可避免的，聚集了每个领域最出色的人才，并且为可预见的结果投入了大笔资金。

把我们变得更好，玛丽？假设我们认为这一切都是可能的，那么其实这不是真实的意图。

这个词，我们要把它归功于朱利安·赫胥黎，奥都斯的兄弟。作为一名生物学家和优生学理论家，他鼓励人们把进化掌握在自己手里。那是1957年，玛丽。在纳粹主义之后，他想与此撇清关系。与很多人一样，对他来说，是一些不好的经验和创伤让他投身于对科学的激情中。“我相信超人类主义”，他写道，“很快这个信念会被很多人接受，人类很快就会有一种全新的存在方式，与我们现在的方式完全不同，就好像我们与北京人之间的区别。最终，它会有意识地完成它真正的使命。”

因为一些不好的体验而投身科学的激情之中的，他不是第一个人，玛丽。

孔多塞在他之前很早就这样做了，以一种令人悲悯的激动。当他在1782年被法兰西学院纳为院士时，他充满热血地和他的同代人说道：“先生们，你们在寻找的科学与文学更紧密的结合，是能够区分这个世纪的特点之一，在这个世纪里，我们认知原则的整体系统第一次得到了发展。发现真理的方式被缩减成了艺术，或者说某些方程式。理性终于找到了它应该走的路，并且抓住了阻止它误入歧途的绳索……人类再也不会看到光明与阴暗的交替，这人们长久以来认为是自然判定的规律……真理战胜了一切，人类得救了！”

12年之后，他在恐怖时期被流放，并且疯狂地书写《人类精神进步史表纲要》，直到被关进监狱，在隐姓埋名的状态中结束了自己的生命。所有今天折磨着我们的东西，人类机能的完美、人工化、物种杂交，在他的愿望里被称为是人类困境……的解药。“纲要”在我们伟大的科学直觉计划中，就像两滴水一般轻描淡写，玛丽。

这让人迷惑的盲目力量不可置信。这变成残酷的乐观主义的绝望，这在宗教中只能看到无知、迷信和盲信的方式。理性主义的积极性忽视了它想成为全能的欲望。孔多塞这样的一个反教权、反天主教、反宗教的人，提倡人们去信仰一种扎根在科学里的东西。这种现代史中的错觉、顽固、重复，令人震惊。

勒南在巴黎公社时期写下了《哲学对话》，向我们宣告了死刑之下的科学的统治以及一种普遍意识的出现，我们不知道它在什么领域占有统治地位，但它吸收了所有的人类。

不要以为他们是愚蠢的，玛丽。孔多塞曾是数学家、哲学家、经济学家和科学院院士，他是启蒙时期最杰出的思想家之一。勒南是一名教士，法兰西学院的老师。他写了耶稣生平，没有什么比这更伟大了。一部天才的作品，即使他犯错了，也是以天才的方式。还有一些大人物，就像你的时代里有好几个，比如雨果和米什莱。但是在他们身上有着孩童的一面，如此的古老，冲击着现实。他们转向认同思想的全能性，这种才能表明他们的青年时代显然还没有经历过生活的打磨。他们的天才甚至让他们在错误的激情中无法自控。他们像孩童般需要保护，需要得到救赎和天意。博爱和理性是最合适的代表。而他们在自己身上保持的，来自童年的强有力的想象力不会告诉他们这个世界不属于他们。

“一种沉默的恶驻扎在我们心中”……你的《最后的人》第三部分就这样展开。在历史上还有什么比你和我们说得更可怕的，玛丽？所有人都与人类历史上无法忍受的恶的特点相冲撞，玛丽。所有人都转向一种疯狂的希望，企图通过理性、科学、政治或是他们在别处驳斥的天意来完全地掌控这种恶……而天意并不属于这个世界。所有人都被这种重复激怒，不断地发明着一些理论来使人的情绪激动。他们使出了自己所有的才华。

被期待的救赎并没有来临。恶并不打算在理性的神坛前放下武器。

在你的时代之后就是 20 世纪，玛丽。发生了两次世界大战，核武器、斯大林主义和纳粹主义。宗教在衰落，除了它的极端形式，拜物教。对宗教想和我们说的或是搬上舞台的，人们普遍不清楚。科学和技术的联姻与技术，让知识和发明的混淆变得不可避免。

就是在这时候，生物学开始飞速发展，许下了更多可理解的承诺。

同一种混乱的重复。这种恶似乎无法用任何一种方式理解。相比理解它，更重要的是找到容纳它的容器。

“我相信超人类主义”，玛丽。这是公开地宣布一种信仰，不过是替代另一个信仰的信仰。

但如果说之前的宗教信仰是言语化、隐喻化的，而且最终引导至我们如今的文明，它宣告着行动、转变、变化，对这个已知世界，没有更多想要知道的事。文明化已经与它无关，它想要拯救。这种信仰是延续不断的、至高无上的权力，在天堂里，不在我们的地球上。为了经历这些，有着没有尽头的故事，还有类似我们谜团的描述。

第二种信仰是内在的。上帝变成了医生，全能的医生。拯救生命成了 70 年代加利福尼亚“新纪元”的口号，用着比头发上的花环更危险的工具开启了新的青春时代。

“延长生命，从某种意义上来说是回到青春。治愈那些得了不治之症的病人，增加力量和活力，增加和提高思维能力，将一个身体变为另一个，创造新的物种，将一个物种移植到另一个物种中；让精神愉悦，并且处于良好的状态；对自己身体具有想象的能力，或是对别人的身体。”

你可能会认为我和你说的这些是超人类主义的宣传吧，玛丽？但是你弄错了。这是培根《新亚特兰蒂斯》的结语，这部作品在1627年问世。亚特兰蒂斯，你知道的，那个被淹没的古城。或者是对圣杯的追求，对于消除人类的恶的神奇方式，人们有着不同形式的幻想，一个理想的地点，一个天堂。

其中的一种很有才华的形式来自一位与你同时代的思想家，玛丽。他叫卡尔·马克思，也是一位大人物，还是以不公、悲惨和恶为结局，还是期望着一种彻底的解放。与之前的一切决裂，尤其是宗教，这个他深深地憎恨着的东西，来自一种强烈的反犹情结。“犹太人的一神论，事实上是一种多重需求的多神论，这种多神论甚至能让厕所产生神圣的律法。”他写道。原谅我这样说，被排出体外的神圣律法。

“擦去一切过去，我们什么都不是，让我们成为全部”，这就是他，或者他唤起的。他并不完全关注科学，他的计划是政治的，但他也不会听之任之。

“哲学家所做的事就是通过不同的方式来解读这个世界，而重要的是改变这个世界。”

“只有当人类中的每一个个体……成为统一的存在……人类的解放才算完成。”

“所以你们承认了，当你们说到个体的时候，说的都是有产阶级的地主。而这种个体的概念，确实应该被取消。”他毫不留情面地写道。

我不敢告诉你这些理想的后果，它们强烈地激怒了人们，使他们露出了隐藏的黑暗、巨大的一面。

如果说新的人类是一种过时的说法，玛丽，那么问题就在于通过超人类主义，它穿上了新的外套，或者说是更令人担忧的外套。不仅仅是“优化”，还有“增加”。这是一种承认，数字又回来了。

意识形态？它经受了考验。它是一条只要求重新浮出海面的大海蛇。在你的语言里有个漂亮的词汇来形容这一切，它无法被翻译——“Wishfull thinking”。工具？这就是问题所在。我们完全不认识这些工具，因为这在人类史上是前所未有的，给我们留下了很多惊喜。这就是我们向他们所要求的：能够互相发挥作用。因为话语不再是对一种更加公正人性的渴求，或者还带着理想的色彩和责任感的痕迹。通过阶级斗争和历史唯物主义的方式来建立人类的平等已经不是一个问题了，玛丽。我们已经不在那个阶段了。我们已经在“娱乐人类”[1]后期，也就是50岁的人穿着旱冰鞋在不同的聚会上游走的阶段。我真的很难想象这一切，玛丽。赫胥黎和扎米亚京预感到的去心理化已经发生了。无意识变得虚无，就像扎米亚京描述的那样，在这平整的表面上再也不会留下任何痕迹。我们不想要一个更好、更和谐的宇宙。我们想笑，和人类玩耍。

有些出乎意料的是，“娱乐人类”有一个始祖。一个法学和哲学

---

[1] Philippe Murray, *Festivus festivus*, Fayard, 2005.

家[1]发现了这件事。他发现了一种新的人，玛丽，自我、享乐主义者，充满了对自己的爱和满意。变得更明智的国家被要求操作一种新的社会公约，保护作为个人的“我”，能够让每个人都充分享受所有。

没有了父亲的孩子，也不需要去杀了他，他已经忘了父亲。他是自己出生的，他只为自己出生。他没有父亲，但是有个意识形态的始祖。

我跟你说出名字的不是他们其中的任何一个人，他们还被集体的担忧、公有的财产困扰着，甚至是以疯狂的方式为代价。这个始祖，不是培根，不是孔多塞，不是勒南，更不是马克思。

这个始祖是萨德。萨德在1795年大革命期间写了一本小册子，《如果您想成为共和党人还需要一些努力》，这篇文章被安插在……《闺房哲学》里！

萨德的信条是完全的利己主义。除了享乐，世界上没有其他任何法则，而别人的存在只是为了满足自己的需求。“每个人都是所有人的性财产”是《美丽新世界》里的一句口号。萨德将我们带入到了永恒的暴动之中，就像我那个年代的极左派，他们和你身边的人如此相像，玛丽，他们想象着一种永恒的革命，少了流动性和创造性，因为那是对“法律”这个概念本身发起的永恒挑战。

共和党人需要和共和国一起行动，就像一个浪子和他的女人一样，他会不断地凌辱她，并且让她屈服于自己永不满足的欲望之下。关于这个，培根曾经这样说大自然：“自然是一个公共的女孩，我们

[1] Bernard Edelman, *L'avènement du sujet sadien*, L'Herne, poche, 2014.

要征服她并让她屈服于我们的欲望之下。”

萨德通过攻击谱系学——人类的延续的事实，来达到他破坏的目的。人类的延续代表着我们承认自己是必死的，在一个遗产之后，被记录在某一个谱系中。一个永生者没有什么可以延续的，因为他自己就能满足自己的需求，而且还是时间的主人。萨德笔下的人物是全能的，指向绝对，通过对传承的否定，像一个不朽者那样活着。他不会建立家庭，会把自己的孩子交给国家。交给一个共和国的谱系，自然是优生学的。

沉迷欲望之中，自我肯定的萨德由于受到时代的限制，只后悔没有能够“违反自然的法则，那个战胜所有的自然”。“我想凌辱它，打乱它的计划，阻碍它的步伐，毁掉对它有用的东西，保护损害它的东西，在它的作品中用一个词来辱骂它，但是我没有办法做到。”他为什么如此憎恨大自然？而且当他自己也是自然地要求所有欲望被满足？因为自然是有限制的，无法越过的限制。

甚至我们都很可能忘记这些限制，玛丽。

有一些科学家会尽情地享受。《闺房里的生物学》[1]是他们其中的一位所写的作品。

像萨德一样的人如今不会遇到这样的尴尬。自然已经不会再拒绝他。

违抗就是他本身，他想跨过所有的限制，包括时间的、性别的、身体的。他认为对于用自己生命来试验、嘲弄死亡、拥有一切的限制，

[1] Alain Prochiantz, *La biologie dans le boudoir*, Odile Jacob, 1995.

都是对自由的破坏。他们要求直接、快速，这种速度直到自我毁灭，他们希望永远活在当下、拒绝所有的标准，他们与身体保持着一种雇佣关系。

有可能符合“自主性”要求的法律不会在这自我参考的疯狂中跟随他。[1]

但是对人类境况解放的执着和自由有着哪怕一丝关系吗？

什么是最没有人性的政治体制？导演潘礼德自问道，他回答：“就是定义什么是人类的财富，并把这套标准强加给所有人。”

一些现代超人类主义者因为这一课受益匪浅。他们是民主人士，与极权主义毫不相干。他们只不过根据自己的意愿来“改变”一些东西。只是他们对所做的某些遗传性的改变缄口不语，这些变化不可避免地会影响整个人类。“我的基因组是我的”这是在一场辩论上一位发言人严肃地对我所说的话。

而有关于超人类主义者，我一开始就弄错了，玛丽。

原因是这样的：我所做的仅仅是当一件事勾起我的兴趣时，我一直会做的事。我读书，聆听讨论这件事的声音，非常注意他们的用词和说话的方式。我听他们的语言、节奏、联想、呼吸。因为我知道，当我们认真地去观测一个人的言行时，会在其中找到容易被遗漏的真相！和一些引起我思考的意想不到的内容。一个词或几个词，就能把我带到所说内容最深层的空间。

首先我开始阅读负熵主义的理论。

---

[1] 这是欧洲人权法院所做的事，将萨德笔下的禁闭简单地认为是“自我参照”，引起了一些法学家强烈的担忧。

相反，他们是对上帝入了迷。他们只讨论上帝，因此来表达一种对“外部宗教权威”的抗拒，没有人能质疑他们。他们认为自己的“信仰”是理性和进步。他们坚信“超人类主义信条”与批判性和创造性思维密不可分。他们支持从“教条”中解放出来的准则，试图避免“信仰”，拒绝“不犯错误”，不接受“启示”，反对对盲目“信仰”的理性乐观主义，拒绝“上帝的意愿”。

我们不能不去观察这些与宗教的对话。在自己的土地上增加上帝的力量，玛丽，这让一些人战栗。信教者，当然了，但还有一些无神论者……认为一神论的特性就是全能性的人，既不是你们，也不是我！

他们只讨论这些，只讨论上帝。他们和上帝说话吗？如果能让他们和一些知识渊博的神学家见面，将会是一件很好的事……

我也弄错了，玛丽，因为在这一切中，没有什么是同质的。超人类主义这个派别已经衍生出了很多不同的派系，发展出了几个次派别。

首先是技术进步主义派：他们是最有道德的，但也非常狡猾。他们的目标是一个更好的未来，因为世界是那样的不公平和危险，让人难以接受。技术和民主的进步是解放人类和使人类从束缚中解脱的前提条件。但是，所有这些被牢牢镌刻下来的文字让所有人都处在了一个法治国家，来防止每个人自己做决定。

作为民主的冠军，在“政治正确”方面，他们是无懈可击的。这是无可厚非的。他们呼吁与工人和失业者组织、生育权利组织（无论是人工的还是医学辅助的，对基因组进行选择！那些支持认知自由和心理动力学本质的组织）、同性恋组织和残疾人组织建立团结的关系，可以说几乎没有任何遗漏。

因为治疗法和增加数量完全是一回事，所以他们要求公共支出在这个方向大量地投入预算，并且对人体优化性植入物的规定进行修改。工作的终结，保证基本的收入，医疗的干预……还有保证每个个体的基本权利……不管他们是不是人类，这不免让人感到担忧。

真的是进步主义者，玛丽。所有人都得到增长。

接着是最让人难以置信的宇宙主义派。他们是“后生物”人类的支持者，他们呼吁我们把“肉身”抛诸脑后。这就是他们用的词，玛丽，我告诉过你了，他们是去心理化的。“肉体是脆弱的，但是金属却是坚实的，然后被镀上铬，光滑、闪耀、干净又漂亮。无法想象智慧能够选择在这个甜蜜和胶质结合的液体中”，他们这样写道。他们想要我们的皮肤，却不想要自己的皮肤！我们被一群宣告着“宗教”（又是宗教！）战争的精神病包围，这场战争在高级生物“人工智能”和保守传统的“人类”之间展开。除了机器之外，纯粹的软件智能能够将意愿重新具象化，根据自己的意愿改变身体、性格和身份。在进化顶端的“功能性的混合物”里，通过在行为和性格的数据库里筛选，会自己生成一些几乎是神圣的实体。这和勒南的幻想有些接近，被称为是“电子人生”。

也就是说，这是从一个肉体的世界变成金属的世界，玛丽。人们将放弃欲望转向意愿，然后在一种对全能的狂喜中解体。

在神圣的混合物（原始的？）之前，先要通过金属。无可辩驳的是，一种使人无法有任何感受的确定方式就是不拥有身体，意思是每个人都会有一个肉体，但是被别人占有，与他的精神世界对话。

在这神圣的汤之后是联结主义、信息网、电子生活，他们似乎在等待着“石头的继任者”。

他是谁？这个“司令官”是谁，玛丽？是被谋杀的父亲？在我们还能有父亲的那个时代，那邀请唐璜去赴宴的地狱又重新出现了吗？

我不是女权主义者，玛丽，我一般不会有这个反应。男女之间的平等对我来说是一件非常显而易见的事，所以我一般不会用这种模式来思考或者是提出哪怕一点点的要求。我不会让大男子主义靠近我，我只是对此感到悲哀，仅仅如此。但是我必须告诉你，在看到了对这种力量的沉醉和享受、这种想要从肉身解脱变为金属的想法、这种对考虑女性和孩子存在的完全缺失，我不可能不去考虑这种疯狂的控制欲，是出于男人的一种报复行为。报复什么呢？我承认我也迷茫了。我们可以试想，那些想要将这个世界变为金属世界的男人无法忍受女性、欲望……但我认为性已经是自由的了。过于自由？过于平淡？所以人们需要到别处寻找征服、刺激和搏斗的快感，而在性中，这种快感已经消失了。求知欲所产生的刺激比性更加具有诱惑力？

我战栗了……

还有一派叫改变者。他们将那些保守地躲在过去停滞的意识形态和道德中，并且将曾经的教条、禁忌强加到人类现状的人，称为是“呆滞的”。“改变”是一场史无前例的大规模解放运动，它旨在让个体自主掌握他们的心理生物学存在，而非他们唯一的社会历史学存在。（永别了，马克思，科学唯物主义再也不是革命性的了，而是进化性的！）“另一种人类的胚胎，最新生命的直觉，选择自己命运的人，成为多个人的欲望”，他们就这样命名技术科学“可怕的孩子”，并且不侵犯这种叫法。我们是“自由的精神”，简单地说他们就是想建立一个全球性的生物控制论体系，其目的就是管理地球、占领宇宙、转变生命。

还有“签订‘变更第三年’”协定（L’An Ⅲ de la matation）。这没有让你想到些什么吗，玛丽？

有的人建议在一种“对有意识和自愿改变的全球性呼吁”上自我选择。他们首先表明自己在科学性上是无可指摘的。他们是达尔文的后人，虽然达尔文本人可能并不认为他们是自己的孩子。“因为物种的进化是基因的选择，为什么我们不自己掌控这件事……我们是一次又一次的尝试，我们也可能是一个又一个的错误。生命只会留下最好的，同时消除剩下的。我们的思维能力也有一个基因基础。未来的呼唤难道不比过去的言论有着千倍的影响力？有一条路叫作保守主义。另一条更加有潜力和前途的路，叫自我选择。在古老的智慧‘认识你 你自己’之上，又增加了一个新的指令：‘构建你 你自己’。”

但是，这些理性的疯狂崇拜者并没有理解人类的历史一直在不停地创造新事物，技术科学也不会用三十年的时间去做同样的事。他们没有听到在他们宣告前言里的恨：“这是给焦虑人类的三幕悲剧。”他们当然也没有感受到疯狂。

这件事在“宇宙的孕育”中结束。如果这种幻想是宇宙性的，那么我们打赌“增加”是通过性来实现的！

宇宙的孕育……在这有些爆炸性的婚礼之后。他们有个问题，玛丽。

我们也有。

因为仅仅在几十年的时间里，我们分离、改变了基因，还给它专利保护，粉碎了百万年来物种、王朝交替中建立起的障碍。这些操作变成了物种内、物种间和王位的空位期。这些极度疯狂的人因此掌握了很危险的工具。他们所说的、想要的，他们都会去实现。现在他们手上掌握的工具就是技术科学给予他们的。这对他们来说是疯狂的诱惑，比如获得很多的钱。谷歌、亚马逊，为这些项目投资，并且必然期待着得到回报。估计在不久的将来，纳米技术在全世界的市场总值将达到 3 万亿美元，而生物合成技术的市场总值将达到 10 万亿美元。IBM、苹果、脸书，还有微软公司在这些研究里都投入了巨资。

其中一位领袖是雷蒙德·克兹维尔，谷歌信息技术发展的领头人，“互联网”发展的关键人物之一。人们如此精准地给互联网“远古的贪食者”的名号，总有一天它会对得起这个名字。他联合创办的“奇点大学”设立在硅谷，位于美国国家航天宇宙局和谷歌之间。他们将技术进步不再是人类，而是机器成果的那一刻定义为“奇点”。

机器人专家汉斯·莫拉维克对那些可能不想被优化的人说：“人们做什么并不重要。因为他们将像二级火箭那样被抛弃。未来超智能的机器人对人类的命运丝毫不关心。人类将被认为是一种失败的试验。”

控制论专家凯文·沃克维提出了人类与机器的结合："那些决定拒绝被优化的人类，将会面临一种严重的残疾。他们将成为一种次人种，变成未来的黑猩猩。"

他们在世界范围内找寻杰出的基因学家和机器人专家。他们跑遍大学、高中，经常是以给青少年、儿童科普为名，更卑鄙的是他们询问孩子应该持有的"道德立场"，试图诱惑和吸引他们。他们提了这样一个"道德问题"给中学生："女人可以孕育海豚，这将会帮助拯救一个正在消失的物种：如果母亲和孩子是不同的物种，我们能想到什么？"

一些高等工程师学院与他们签署了合作协议。

今天，已经没有一个人确信自己能够控制他们。

杰出的法国生物学家艾曼纽尔·沙庞蒂儿近期发现了一种可以精准地将 DNA 与细胞分离的工具——"基因组剪刀"，并且表示她的发明不会被任何人随意使用。这种工具被命名为 CRISPR-Cas9，它几乎可以替代同类的所有工具。在 Généthon 公司领导弗雷德雷克·瑞瓦看来，这种工具将会像食谱一样轻易地在所有实验室中被使用。

国家道德咨询委员会承认："这种变革正在发生，而且再也不是科幻小说里的情节。但是它过于快速，早早地在人类获得认知之前就发生了。"[1]

我认真地阅读了所有文章。从中发现了他们对力量和毁灭性的沉醉。那些大量的、充满憎恨的冰块，就好像那些没有出现在自然

---

[1] Avis n° 122, décembre 2013.

浮冰上的事物现在占据了人们精神的位置。这是区别化的思想缺失。我没有在其中发现任何有关爱、文化和对童年的关照，或责任的东西。在这个图景中，责任感的概念已经消失了，而一切都是关于对物种的操作和一种在未知领域的权力。道德的概念不再严格地传播，而当政治正确有用时，会被巧妙地运用。这件事在狂热的契约和经济投资这两个层面上来说都是自由主义的，而且是绝不盲目的极端自由主义。想想宇宙婚姻，想象这样一种幻想的性暴力。

在我所从事的职业术语中，这叫作象征性障碍，是一种冷漠精神病。内在的缺乏以及深深的空虚感让这里的一切发生，它让人宁愿放弃也不愿经历人类的处境，这是一种权利的丧失。

在这样的宇宙里，我不能想象一部贝多芬的四重奏或是另一个加纳莱托。

关于植入物，我和你说得很少，玛丽，这部新篇章有可能会太长。这些联结的物件能够跨越皮肤的屏障，穿透身体。一个植入在你皮肤下的电子芯片可以打开你的车库大门。你最喜欢的音乐会在耳朵里自动响起，如果你想换台，就叩一下牙齿。年轻人会很喜欢的！传感器与它的载体之间有了一种最大限度的私密性。人们便成了“量化的自我”，在你的语言里是“self quantify”，我们成了所有类型数据的分配者，这能够让你“更好地读懂自己，就像读邮件一样”。“quantify”！数字又回来了！通过数字来救赎！大脑能力的“增加”需要通过那里。很多人将会对此充满热情，或者已经对此充满了热情。

将我们物化，已经不再是一种隐喻。一些事情让我们开始期待被没有生命的物质统治，甚至是希望在“云”中，抱歉，确切地说是在

“clouds”中被分解。我们应该会很累。一位哲学家[1]中肯地评价了这一境况：“我们作为现代人有着一种奇怪的命运：在想要得到一切之后，我们竟然开始期待变得什么都不是。或者说，变成别人，完完全全的别人……这些乌托邦积极地宣告着人类即将面临的灭亡。”……

只剩下理性了，玛丽。它吞噬了所有。它已经发狂了。这就是我们的命运，这一切都让我们发狂。理性只在被剥夺了肉体的区域统治着我们。在理性的周围，中毒、被骗、被诱惑的、没有内在性的人狂舞着，这就是我们不知如何避免的、“美丽新世界”里的人。但理性没有“其他人”可以诉说，除了自己，没有对话。理性的另一面，并不是非理性，而是“我们”。“我们”想告诉自己，并且接受前辈留下来的、表达人类历史的东西，例如文字、歌谣、话语、仪式和神话。在我从事的工作中，我们把这称为“象征”的空间。不是我们建立了象征，而是象征成就了我们。“我们不制造神圣的事物，我们只继承。”[2]

再说得远点，弗洛伊德最爱的“文化生活”，是如此高贵又脆弱，交出了它的武器。

能够意识到疯狂的人很少。但是，狂妄自大、对权力无限的欲望、对自己的高估和无节制的爱，都属于一种慢性精神病。这种疯狂自我的扩张表现为一些典型的疯狂想法和对伟大的渴望。这个主体会认为自己是全世界的主人，一个奇妙的可塑性世界，与对自我的欲

[1] Jean-Michel Besnier, *Demain, les posthumains – Le futur atil encore besoin de nous?*, Pluriel, 2012.

[2] 感谢多米尼克·福尔谢德的这番话，还有那么多其他人。

望相匹配，这个主体是全能的、神圣的或是极其有天赋的。他的想法是受神灵启示或者是预知性的，他的身体是惊人的，等等。我们面对的是一种复杂的疯狂，会以一种前所未有的规模在集体中蔓延开来，并且强烈地混杂着偏执狂。

更进一步地看这些事，这涉及一种真实的病理学纹路。符合双重模式（所有“三重性”的概念正在被抛弃）研究的强迫性神经官能症，症状是在自认为代表所有法则，或是蔑视所有法则的狂喜中堕落，自认为战胜了所有法则。确信自己掌控了世界，有对一种激进理性的、好辩冲动的偏执。关于对身体解散的幻想，属于对于精神病科医生很熟悉的症状。

但是看来，我们很有可能活在一个这些精神病都不算是疯狂的世界里。[1]

那些承认或猜疑这种疯狂的人被指责为是自然主义者。他们屈服于大自然的秩序或者上帝的意愿，他们试图阻止能够预见的好处，尽管那是无情的。一些知识渊博的专家写了很多文章，但是他们没有办法跳脱出理性的模式，因为他们不具有对疯狂认知的概念性工具。他们严肃地督促人们权衡“赞同和反对”，判断好处和危险的可能性，并且如果可能的话会“参与其中”。那些强烈的反极权主义的研究者，在这种要改变人类决心的极权主义中，没有辨认出任何东西。

科学是迷幻的，玛丽。对变化的期待会刺激人们的精神，促进求知欲和视觉贪欲的爆发。如果说那些伟大的神话，来自人类的无

[1] Dany-Robert Dufour, *Folie et démocratie – Essai sur la forme unaire*, Galli- mard, 1996.

意识的神话是有道理的，那么戈耳工女魔即将出现。

有一些哲学家敢于直面这个主题。虽然有时候他们也受到了迷惑。他们发现整个剧本都是有走向的。他们承认，这后人类的乌托邦不再属于科幻小说，而是科学项目。技术科学不可预见的发展将会引起一种前所未有的现实。是拉康所说的“真实”？

“每天，我们都会更加清楚，技术只遵循它自己的逻辑，如果我们失去了指令，将面临人类消失的危险”，让－米歇尔·贝斯尼埃[1]怀着惊愕和期待这样写道。

当西方世界困境的解药是重塑人类的计划，通过迷幻药和东方学这样一种出人意料的混搭来实现时，他惊讶地发现了 20 世纪 70 年代加利福尼亚嬉皮士幻想的遗产（硅谷就在旁边！）。因此，这场运动的捍卫者蒂莫西·里尔在临死前要求低温保存他的大脑，因为他坚信没有身体，意识仍然可以存在……而且在必要时可以和任意一个身体结合。显然，身体作为与他人接触的敏感地点，多么尴尬！还有，想想身体与大脑、心理、思想的联系，多么奇怪！

一种东方的神性指点着我们理解这件事的背景。佛教的禁欲主义伴随着大多数初生状态的后人类观点。或许是因为它推崇对身体的控制，消除身体中包含的幻想，尤其是对个人现实的幻想。

帮我们厘清了主题之后，东方还帮我们清除了人类！佛教中的宇宙整体就像后人类无法跨越的天际线，驾驭着技术科学并且在它一无所知的遗产面前转过身去。

[1] Jean-Michel Besnier, *op. cit.*

另外一个我们的哲学所发现同样重要的事，就是改变语言的计划。越来越少的词，侵蚀到骨头的言语，就像奥威尔与我们所说的，他知道没有对言语的操纵就不会有败坏。这种操纵的含义令人战栗。语言应该像科学，玛丽，让词语屈服在事物之下。因为我现在从事的这个行业，我明白语言的不完美和特殊性带来的差距，多义性对人类来说是多么的宝贵，它们是联想、表达、图像、思维和梦境的源头，我相信我没有碰到过比现在更可怕的情景。语言与事物的结合会使话语消失。

一个“普遍语义”的计划表示要与世界重新建立一种“健康的关系”。这种控制的代价就是“解放”。我没有全懂，玛丽。其中一个实验是使用一种人工的语言，一种“优先”的语言，这种语言的其中一个特点就是不使用动词“是”，因为这个动词太有指向性了。就好像如果有人说了“我是”，那个人就会处于一种无法改变定义的桎梏之中。这也是一种精神病，玛丽，他们丢失了隐喻，他们对所有事物的理解都是直接的，不会联想。但就是因为他们失去了隐喻，他们才没有注意到自己对这个词汇的拒绝，并且像实体论者那样危险地存在着！这事关对语言恐怖主义的摆脱，当这种恐怖在他们自己身上时，他们把它放到了言语中，减少词汇或者言语的入口，因为这是让人类产生身份认同和拥有人类生活的东西。

他们需要将言语作为攻击的对象，因为言语通过提供一种区分化的理论来分类。

但是他们收到了什么，玛丽？他们听到了什么？他们读了什么？他们是不是极端的科学研究产生出来的怪物，原因是这些研究榨干了他们作为人类的鲜血？他们似乎没有接触哪怕是一点的诗歌、哲学、伟大的神话和宗教故事，还有精神分析学。

但是他们应该想一想，认知让瞬间的联结变得合适，这种联结由活系统和它的环境共同建立，所以仅仅要求一种再生的、从因为我们目前的脆弱性而产生的表达枷锁中释放出来的道德生活是合适的。换言之，因为宗教是攻击本质主义时的目标，它不再会是产生于对人类暴力隐喻的需求，而是人类暴力的创造者，如果我们是变形虫，一切都好了。

即使是卢梭都没有想得这么远。

我为你把最好的事情留在结尾了，玛丽。我们本会认为，这一切都是由一种极致的控制所促成的。但不是这样的。所有被授予、期待的是另一种秩序。引用让－米歇尔·贝斯尼埃的话："如果我们想要控制所有事情的欲望产生了噩梦般的后果，那让我们试试另外的事吧，让我们屈服于技术发展所带来的不受控制的偶然事件。"如果物种通过偶然性选择会变成最好的，那么在技术科学领域为什么不能这样做呢？失控除了会给人带来对意料外结果的愉悦，而且更加有趣，还可以让我们摆脱了所有困扰人的责任。它将我们在自我欣赏中丢失的东西重新赋予我们，同时毁掉了自然的结果：意料外之事的涌现。所有的技术"一致"展现出来的东西精确地表现出了不受控制的特点。未来的工程师将会制造出一切复杂的构造和组织，它们有自主性和创造性，甚至会让工程师自己都感到惊讶，让他体会到探索者的乐趣。

我们想感到"惊喜"，玛丽，当自恋全面入侵时，我们悲剧地错过了“他人”，这是很正常的。而超人类主义者将其命名为“突破”。这真是前所未有，闻所未闻。

我才刚刚知道为什么奇点大学这个新宗教的朝圣地会这样起名。“奇点”，只会因为偶然出现一次的事物，在这个组合和重组的世界里代替主体！多么诱人的想法，玛丽。

在这个层面，我突然有了一种非常冒险的假设。

我首先想象超人类主义是一场控制的狂欢；一种想要结束人类的欲望，像是一所监狱，也是一个杀手。

但是，当我发现他们想要疯狂地将自己投身于把这个世界置于不可预见的重组之墙里时，我产生了另一种感觉。这可能更像是一种自杀，玛丽，兴高采烈、偏执狂式的自杀。

这些将来全能的孩子只想玩耍。他们想和这个世界玩耍。

不受年龄的限制。

他们想要混乱，玛丽！他们想要人类文明出现前的世界。

分离和创造，他们创造是因为分离。

►▷ 无意识科学

“科学不会思考，它只会计算。”——马丁·海德格尔

在雅克·泰斯达的作品《基因的欲望》[1] 中，他用了很大的篇幅

[1] Jacques Testart, *op. cit.*

来描述人类在向未分化状态的进行中表现出来的衰退的欲望。

“一开始就是克隆。”他提到了这场关于繁殖的巨大冒险，从最初的克隆到伟大的发明，即体外受精、创造能力、未分化的性别、制造从未有过的生物。他发现，“现代史像是在否定世界史……而这一切和我们在书写原始版本时一样无意识，且没有计划。一开始，个体仅仅通过体外受精来繁衍后代：一个动物留下它的卵细胞与另一个动物提供的精子结合。还有一些动物做着亲密的动作，却始终没有性关系，最新的生物已经到了交配的程度。

当我们刚刚发明人工授精时，蝾螈早已经这样做了。就在这打开演化衰退世纪的第一个成果之后，人类（或者仅仅是男人？）了解了如何将女性的生殖特征减少为产生卵子及怀孕。然后，繁殖就开始在一池子充满营养液的容器中进行，就像青蛙一样。因此，人类与沼泽动物不安的天性相关，让女性的身体产生多个卵细胞，每次都排很多卵。技术催生的卵细胞很珍贵，于是人们重新制造冷冻剂来保存它，直到下一次身体的春天。有的人建议把卵细胞储存在借来的子宫里，如布谷鸟的窝里；有的人让它在广口瓶中生长，回到了类似原始海洋生命的阶段。……但就是这种人类的嫁接成了重新发明的重点。……然后人类可能就会为了更好地生活决定求助于最原始的繁殖系统：重复相同。

一开始就是克隆。那么如果这整个过程中都不存在的逻辑，是要把我们带回起点呢？如果当代的发明成就只是一种溯源的方式，并且为了到达根基，一片片地摘掉创造之树的叶子呢？人类被自己实现控制幻想的机能所震撼；去人类化就会成为这种控制的历史，一步一步，直到人类的嫁接，直到通过模仿草履虫来满足自恋。”

这样看来，这就像是一种命运，像是要完成某件超出我们控制范围的事情，玛丽。还有一种向远古状态退化的压力，一种对绝对静止的向往，停滞在未分化状态。但是，这不是普遍意识的实现，这种普遍意识对勒南来说很隐晦却又珍贵。这命运像是在实现无意识，当他只相信自己的时候，实现某些在无意识里的事，就像哲学家奥利维尔·雷伊在《疯狂的孤独》[1]中写的那样。

“弗洛伊德所说的死亡冲动，在性别的生物学演化、死亡之内，就是一种想要回到相同事物不断重复的毁灭之中的、令人眩晕的欲望，本体论变为了纯粹的恒真式，系统发生学变成了纯粹的恒真发生学”，让·鲍德里亚这样写道[2]，他并不完全是一个天主教的哲学家。为什么科学和死亡冲动之间会有这样的协定？“在最坏的情况下，求知欲的可能是想找到自己问题的致命答案。不能确定的是，当代的求知欲是否还保持在这种切面的处境。”精神分析学家马克·纳什回答道。

一开始就是克隆……这篇令人受启发的文章说了什么？这种退化的行动是多么的不自然！这不是自然所做的事，这是人类造成的。衰退，返回原始状态？为什么，现在是为什么？

或许相异性的伟大冒险只有一段时间……从我们有勇气“性相对”的时候……然后在这个游戏、这种相遇、这所有幸福和不幸的源头中发现爱与矛盾巨大的潜力，而每个人此刻都能体会到彼此之

[1] Olivier Rey, *Une folle solitude – Le fantasme de l'homme autoconstruit*, Seuil, 2006.
[2] Jean Baudrillard, *Le crime parfait*, Galilée, 1995.

间的不同。要求我们来说话、唱歌、悲叹、表演，总之就是一些表达的宝藏……

创造之树和我们说了什么？它说它是一棵树，认知的树，禁止吃上面的果实。[1]这是伊甸园里唯一的禁令。这禁令最主要的就是禁止贪婪地吞噬，一边认知一边吞食是被禁止的。这个禁令是给男人和女人的，说的也是男人和女人。这唯一的禁令突出地代表着其他所有人。怎么理解？如果我们吞噬了相异性，所有人都变得一模一样。然后就只剩下一种人，再也没有其他认不出来的人。

上帝给了我们语言，而我们很有可能只会运用数字。

拉康和我们说了什么？“重要的不是知道人生来是好是坏，重要的是当书本被人类完全吞食之后，会带来什么样的后果。”[2]

▶▷ 结　语

“所有的症状，不都是一种向某人隐藏某事的说话方式？”——西格蒙德·弗洛伊德

人类想要什么，玛丽？为了探索他们失去了什么？他们想让自己害怕吗？他们想跟谁说什么话吗？这些是什么的症状？

你对我们来说是多么珍贵啊，玛丽。你是无价之宝。而且你与我们如此靠近，因为你的直觉和我们讲述着我们，讲述着今天的

[1] Marie Balmary, La divine origine – Dieu n’a pas créé l’homme, Grasset, 1998.
[2] Jacques Lacan, Le Séminaire. Livre 7 L’éthique de la psychanalyse, Seuil, 1986.

我们。

但是你的小说情节又是那么的简单。一个年轻的科学家，因为受到自己对于身份和人类的无意识问题的困扰，在实验室里通过对器官的组合排列，制造出了一个人，并且通过电流刺激激活了他。我们是谁？这是科学向我们说的事。更好的是，他将是一个新物种的起源……在我们的世界里倾倒光明的激流。

可是事情变坏了。

你害怕了，玛丽。可你没有从这种恐惧中逃走，你开始追问、解读，迫使它以任何可能的形式告诉你所有它知道的东西。

你看到了一些东西，你像是受到了无意识的指引在写作。你的观点对于别人来说变成了一种无法抗拒的追问目标。追问的这些人把这当作自己创作的源泉。神话就是这样建立起来的，玛丽。这正是我们所需要的。

一个复杂的神话，智慧与直觉的浓缩，只能以一种逃避的描写方式来诉说，这种描写时而清晰时而隐晦，间断却不停歇地解读和再次解读。

你从来也没有告诉过我们这些，可我们已经知道了！我们，是你的后代，因为是无意识的天才，我们不会弄错。可我们却将科学家的名字错安在怪物的身上，做出了这样的丑事：在怪物身上可以产生科学。为什么？

因为我们所创造的科学，为了把我们完全同化，它的贪婪能够遇到……我们自己也想这样创造的期望。一种想要摆脱人类处境重担的期望——爱、受苦、欲望与失落。

但是，对科学来说必不可少的客观化，却是一种人性的堕落。关于这个，无数的科学家都知道，他们不想要优生学，不想改变他们所属的物种，因为这并不受他们控制。

这就是你给我们上的课，玛丽：求知欲的危险不在知识中，而是在于那冲动产生的惊人力量，它的本质就是弱化相异性——这构成我们的东西。

你只能一页又一页地写着你的预言。通过科学制造出一个生物来满足求知欲完全不能解决这些欲望和爱情的矛盾和难题。克隆不会解决相异性的困境。道德没有神经学基础，除非发生改变。人类之书的注释能够探测到基因组，但是无法找到他们父辈所说的法则。

有些问题不属于科学。将人类肢解或客观化对于理解人类没有任何用处。对于理性的幻想产生的是一个怪物。

这正在展现出来的可怕事情并不是真实怪物的创造。而是一种更加精巧的怪物的范式；在抽象、可互换的、未分化的、生物管理性表达的极点中，用理性化来诱惑人类、威胁人类。

正如吉尔伯特·拉斯考特所写的，“任何排斥的方法都不适用于这个怪物”。[1]它并没有被启蒙运动的哲学家说服，也没有呼喊着“理性万岁”。它似乎已经离开了教堂的装饰——超现实主义的画作，他即将完成这力量的巡回：以理性之名来使思想模糊。远离幻想的山谷，它确定了自己在人类中的存在，并且在现代世界中以一种理性专制主义的形式——一种偏执又可怕的理性——恒久存在着。

---

[1] Gilbert Lascault, *Le monstre dans l'art occidental – Un problème d'esthétique*, Klincksieck, 2004.

技术科学的回答让这些问题结束，却没有答案。技术科学的回答越来越靠近，占有了理性，并且试图威胁和废除来自法律、哲学、人类学、精神分析学等知识的限制。生物学在这典型的矛盾中陷入了泥潭：它要负责告诉我们“我们是谁”，但是它在找寻答案的同时毁掉了答案。

而怪物也承担了这样的矛盾：一种盲目的理性，在完成的同时瓦解，并且忽视了这理性事实上被欲望控制着。

从这个角度看，你的弗兰肯斯坦也许是神话终结的神话。或许我们所写的故事是故事的终结，它宣告着人类的灭亡，阴影代替了透明，人工代替了科幻小说，事实代替了隐喻，基因学代替了创世纪，科学代替了神话。为什么科学的理性会朝着这样的一个结局发展，这就是给诠释未来的人提出的一个重要问题。

人类通过科学理性的方式自我毁灭，多么可笑的命运！……

我们或许能够智慧地提出这个问题，玛丽。你要帮我们。这些问题的重要性，上述触及灵魂的生物伦理学还不足够。

战争不是在于理性和非理性之间。重要的是在对理性的疯狂崇拜之中发现一种危险的、精神病式的激情，还有精神病的原因。

那是一些令人愉快、对人有益的违抗。而剩下的那些让人感到不适的，才会发出不和谐旋律的音符。这种合法的、被普遍化的违抗所描绘的图景，是一条不归路。这种违抗嘲笑着文明的禁令；它等待着主体和人类关系构建的条件。这种违抗是一剂致命毒药。

但是，危机也是更新条约的重要时刻，这些条约保护着我们最珍贵的东西，成就我们的不同。我们已经听到了太多一样的回音。

探索的自由如今只被自我创建的压力威胁着，这种压力将科学从文化的世界中剥离出来，并让它深深地沉入力量的世界。

是时候和你说再见了，亲爱的，最亲爱的玛丽。某一天我一定会再来找你的，我们一起用英国陶瓷杯喝茶。雪莱时不时地经过，用瘦长的手臂环抱你的肩膀。200年的时间，他有足够的时间成熟了。不知道他会怎么想这一切？

我们会谈论这个世界的现状。它会变成什么样子？我不相信人类会如此和谐地建造出一个赫胥黎笔下的世界，也不会自我毁灭。我知道，人类经常会在深渊旁边散步。不过，他不是说只要十条正义就可以拯救世界吗？

参考文献

文中引用的玛丽·雪莱的作品

Œuvres citées de Mary Shelley

Frankenstein ou Le Prométhée moderne, chronologie, introduction, notes, archives de l'œuvre et légende par Francis Lacassin, traduction de Germain d'Hangest, Garnier-Flammarion, 1979.

Mathilda, traduit de l'anglais par Marie-Françoise Desmeuzes, présenté par Nadia Fusini, éditions Des femmes, 1983.

The Last Man, introduction by Brian Aldiss, The Hogarth Press, 1985.

Le dernier homme, traduit de l'anglais par Paul Couturiau, éditions du Rocher, 1988.

The Journals of Mary Shelley, 1814-1844, P. Feldman and Diana Scott-Kilver (ed.), 2 vol., Oxford University Press, 1987.

玛丽·雪莱的其他作品

Autres œuvres de Mary Shelley

Valperga, G. and W. Wittaker, Londres, 1823.

The Fortunes of Perkin Warbeck, Henry Colburn and Richard Bentley, Londres, 1830.

Lodore, Richard Bentley, Londres, 1835.

Falkner, Saunders and Otley, Londres, 1837.

引用的作品
Œuvres citées

Lord Byron, *The Prisoner of Chillon; Childe Harold; Canto III (Le Captif de Chillon ; Chevalier Harold; Chant III)*, traduction de Paul Bensimon et Roger Martin, chronologie, préface et postface par Paul Bensimon, Aubier-Flammarion bilingue, 1971.

— *Poèmes*, traduction de Florence Guilhot et Jean-Louis Paul, éditions Ressouvenances, 1982 (2e édition).

— *Lettres et journaux intimes*, choix et présentation établis par Lesli A. Marchand, traduction de Jean-Pierre Richard et Paul Bensimon, Albin Michel, 1987.

Percy Bysshe Shelley, *Prometheus Unbound (Prométhée délivré)*, traduction et introduction de Louis Cazamian, Aubier-Flammarion bilingue, 1968.

Mary Wollstonecraft, *A Vindication of the Rights of Woman*, introduction by Miriam Brody, Penguins Books, 2004.

与玛丽 · 雪莱及其亲友相关的作品
Ouvrages utilisés à propos de Mary Shelley et de son entourage

L'ouvrage de référence inégalé en français, inestimable d'érudition et de nesse d'analyse, est celui de Jean de Palacio, maître de conférence à la faculté des lettres de Lille:

Jean de Palacio, *Mary Shelley dans son œuvre*, contribution aux études shelleyennes, éditions Klincksieck, 1969.

Le lecteur intéressé y trouvera aussi une bibliographie, exhaustive à la date de sa parution, des œuvres de Mary Shelley, et de précieux docu- ments inédits.

Jean de Palacio, *William Godwin et son monde intérieur*, Presses universitaires de Lille, 1980.

Cathy Bernheim, *Mary Shelley, qui êtes-vous?* La Manufacture, 1988.

Jean-Jacques Lecercle, *Frankenstein: mythe et philosophie*, PUF, 1988.

Muriel Spark, E.P. Dutton, *Mary Shelley*, 1988 (trad. française, Fayard, 1989).

Anne K. Mellor, *Mary Shelley, her Life, her Fiction, her Monsters*, Methuen publisher, 1988.

关于珀西·比希·雪莱
Sur Percy Bysshe Shelley

On se reportera à la biographie de Shelley par André Maurois, même si celui-ci «omet» d'évoquer que Mary aussi écrivait:

André Maurois, *Ariel ou la Vie de Shelley*, Grasset, 1970.

Richard Holmes, *Shelley, the Pursuit*, Penguin Literary Biographies, 1987. Une biographie merveilleusement détaillée et subtile de Shelley, précieuse du même coup pour toute recherche sur Mary.

关于拜伦勋爵
Sur Lord Byron

André Maurois, *Don Juan ou La vie de Byron*, Grasset, 1969.

Gilbert Martineau, *Lord Byron: la malédiction du génie*, Tallandier, 1984.

Christophe Nicole, *Les Mémoires secrets de Lord Byron*, traduction de Fran- çoise Vernan, Buchet/Chastel, 1982. Pastiche, néanmoins plein de vie, les vrais mémoires ayant été brûlés peu après la mort de Byron, en 1824.

Anne-Marie de Brem (dir.), *Lord Byron, une vie romantique*, Maison Renan-Sche er/Musée de la Vie romantique, 1988. Édité à l'occasion de l'exposition lors du bicentenaire de la naissance de Lord Byron.

有关纳粹主义的内容
À propos du nazisme

Rudolph Binion, *Introduction à la psychohistoire,* Essais et Conférences, Collège de France, PUF, 1982.

— *Hitler Among the Germans*, Northern Illinois University Press, 1984.

Olga Lengyel, *Souvenirs de l'audelà*, éditions du Bateau ivre, 1946.

Primo Levi, *Si c'est un homme*, Julliard, 1987.

— *Histoires naturelles* suivi de *Vice de forme*, Gallimard, 1994.

Robert Jay Lifton, *The Nazi Doctors, Medical Killing and the Psychology of Genocide,* Basic Books, 1986 (3e ed.).

Benno Müller-Hill, *Science nazie, science de mort – L'extermination des juifs, des tziganes et des malades mentaux de 1933 à 1945*, 1989, Odile Jacob.

Josiane Olff -Nathan (sous la dir.), *La science sous le Troisième Reich – Victime ou alliée du nazisme,* Seuil, 1993.

Ernst Weiss, *Le Témoin oculaire*, traduction de Jean Guégan, préface de J. M. Palmier, Alinéa, 1988.

Sean Wilder, «Hitler. Éléments du montage métapsychologique d'une passion», *Cahiers des CCAF,* n° 6, 1988.

科学的哲学及历史
Philosophie et histoire des sciences

Je ne puis citer ici tous les ouvrages qui ont nourri ma réflexion dans ce travail. Toutefois les lecteurs intéressés par les immenses questions que pose au monde la science contemporaine pourront se référer aux livres et articles suivants:

Claire Ambroselli, *L'Éthique médicale*, PUF, coll. Que sais-je?, 1998.

Michèle Ansart-Dourlen, *Freud et les Lumières – Individu, raison société,*

Payot, 1985.

Kostas Axelos, *Métamorphoses,* Minuit, 1991.

Jean Baudrillard, *L'échange symbolique et la mort*, Gallimard, 1976.

— *L'Autre par luimême*, Galilée, 1987.

— *Le crime parfait*, Galilée, 1995.

— *Le pacte de lucidité ou l'intelligence du Mal,* Galilée, 2004.

Jean-Michel Besnier, *Demain, les post humains – Le futur atil encore besoin de nous?,* Pluriel, 2012.

Marcel Blanc, *Les héritiers de Darwin – L'évolution en mutation,* Seuil, 1980.

Daniel Bougnoux, *La crise de la représentation*, La Découverte, 2013.

Jean Brun, *Les masques du désir*, Buchet/Chastel, 1981.

Antoine Danchin, *L'œuf et la poule,* Fayard, 1983.

— *Une aurore de pierres – Aux origines de la vie,* Seuil, 1990.

Chantal Delsol, *L'âge du renoncement*, CERF, 2011.

Dany-Robert Dufour, *Lettres sur la nature humaine à l'usage des survivants,* Calmann-Lévy, 2015.

— *Folie et démocratie – Essai sur la forme unaire*, Gallimard, 1996.

— *L'individu qui vient... après le libéralisme*, Denoël, 2015.

Jacques Dufresne, *La Reproduction humaine industrialisée*, Diagnostic, Institut québécois de la recherche sur la culture, 1986.

Jacques Ellul, *La Technique ou L'enjeu du siècle*, Armand Collin, 1954.

Dominique Folscheid, *Sexe mécanique – La crise contemporaine de la sexualité*. La Table ronde, 2002.

Michel Foucault, *La Volonté de savoir*, Gallimard, 1976.

— *Naissance de la clinique – Une archéologie du regard médical,* PUF, 1963.

Evelyn Fox Keller, *Le siècle du gène*, Gallimard, 2003.

René Frydman, *L'irrésistible désir de naissance,* PUF, 1986.

Max Horkheimer, eodor W. Adorno, *La dialectique de la raison – Frag ments philosophiques,* TEL Gallimard, 1983.

Hans Jonas, *Le Principe responsabilité,* CERF, 1990.

Martin Heidegger, *Chemins qui ne mènent nulle part*, Gallimard, coll. Tel., 1986.

— *Essais et Conférences,* Gallimard, coll. Tel., 1980.

Gilbert Hottois, *Le Signe et la Technique – La philosophie à l'épreuve de la technique*, Aubier, coll. L'Invention philosophique, 1984.

Gérard Huber, *L'Énigme et le Délire*, Osiris, 1988.

Emmanuel Levinas, *Éthique et in ni*, Fayard, 1982.

— *Diffcile Liberté*, Albin Michel, 2006.

— *Humanisme de l'autre homme*, Fata Morgana, 1978.

— *Le Temps et l'autre*, Quadrige, PUF, 2014.

— *Autrement que savoir*, Osiris, 1988.

— *Noms propres*, Fata Morgana, 1976.

Jacques Mazel, *Socrate*, Fayard, 1987.

Philippe Murray, *Festivus festivus*, Fayard, 2005.

— *L'empire du bien,* Les Belles Lettres, 2002.

Olivier Rey, *Itinéraire de l'égarement, du rôle de la science dans l'absurdité contemporaine*, Seuil, 2003.

— *Une folle solitude – Le fantasme de l'homme autoconstruit*, Seuil, 2006.

— *Une question de taille*, Stock, 2014.

Jean-Jacques Salomon, *Survivre à la science,* Albin-Michel, 1999.

Robert Schnerb, *Le dixneuvième siècle – L'apogée de l'expansion européenne,* coll. Histoire générale des civilisations, PUF, 1968.

André Sénik, *Marx, les Juifs et les droits de l'Homme* – À l'origine de la catastrophe communiste, Denoël, 2011.

Didier Sicard, *La Médecine sans le corps* – Une nouvelle ré exion éthique, Plon, 2002.

Georges Steiner, *Les Antigones*, Gallimard, 1986.

— *Dans le château de BarbeBleue. Notes pour la redé nition de la culture,*

Gallimard, 1986.

Jacques Testart, *Le désir du gène,* François Bourin, 1992.

— *L'œuf transparent*, Flammarion, coll. Champs, 1994.

— *Simon l'embaumeur Ou la solitude du magicien*, François Bourin, 1994.

— *Le désir du gène,* François Bourin, 1992.

— *Des hommes probables – De la procréation aléatoire à la reproduction normative,* Seuil, 1999.

— *Faire des enfants demain – Révolutions dans la procréation,* Seuil, 2014.

Pierre uillier, *Les Passions du savoir*, Fayard, 1988.

— *La Grande implosion – Rapport sur l'e ondrement de l'Occident 1989 2002*, 1995.

Michel Tibon-Cornillot, *Les corps trans gurés – Mécanisation du vivant et imaginaire de la biologie*, Seuil, 1999.

M. de Vilaine, L. Gavarini, M. Le Coadic (sous la dir.), *Maternité en mouvement*, Presses universitaires de Grenoble, 1986.

法 律
Droit

Jean-Louis Beaudoin et Catherine Labrusse-Riou, *Produire l'homme: de quel droit*, PUF, 1987.

Jean-René Binet, *Droit et progrès scienti que*, PUF, 2002.

Jean Carbonnier, *Flexible droit*, LGDJ, 2001.

Xavier Dijon, *Droit naturel – Les questions du droit,* PUF, 1998.

Bernard Edelman, *La personne en danger,* PUF, 1999.

— *Ni chose ni personne,* Hermann, 2009.

Muriel Fabre-Magnan et Philippe Moullier (sous dir.), *La génétique, science humaine,* Débats, Belin, 2004.

Muriel Fabre-Magnan, *Introduction générale au droit*, PUF, 2014.

Muriel Fabre-Magnan, *La gestation pour autrui, ctions et réalités,* Fayard,

2013.

Catherine Labrusse, Bernard Edelman, Marie-Angèle Hermitte, Martine Rémond Gouilloud, *L'homme, la nature et le droit,* Christian Bourgois, 1985.

Catherine Labrusse-Riou, Bertrand Mathieu, Noël-Jean Mazen (sous dir.), *La recherche sur l'embryon: quali cations et enjeux,* Les études hospita- lières, 2000.

Catherine Labrusse-Riou, *Écrits de Bioéthique*, PUF, 2007.

François Ost, *Du Sinaï au ChampdeMars – L'autre et le même au fondement du droit,* Éditions Lessus, 1999.

— *Raconter la loi – Aux sources de l'imaginaire juridique,* Odile Jacob, 2004.

Alain Supiot, *Homo juridicus, Essai sur la fonction anthropologique du Droit,* Seuil, 2005.

心理分析学与心理分析人类学

Psychanalyse et anthropologie psychanalytique

Marie Balmary, *Le Sacri ce interdit* – Freud et la Bible, Grasset, 1970.

— *La Divine Origine – Dieu n'a pas créé l'homme,* Grasset, 1998.

Michel Fennetaux, *La psychanalyse, chemin des lumières?* Point hors ligne, 1989.

Sigmund Freud, *Malaise dans la civilisation*, PUF, 1986.

— *L'Avenir d'une illusion*, PUF, 1989.

— *Métapsychologie*, Gallimard, Folio essais, 1986.

— *Essais de psychanalyse*, Petite Bibliothèque Payot, 2004.

— *Trois essais sur la théorie de la sexualité*, NRF Idées, 1962.

Jacques Lacan, *Le Séminaire, livre* vii, *L'éthique de la psychanalyse*, Seuil, 1986.

Écrits I, coll. Points, Seuil, 1970.

Écrits II, 1970 coll. Points, Seuil, 1971.

Jean-Pierre Lebrun, *Un Monde sans Limites*, Érès, 1999.

— *La Perversion Ordinaire, Vivre ensemble sans autrui*, Denoël, 2007.

Pierre Legendre, *L'Inestimable objet de la transmission*, Fayard, 1985.

— *Filiation,* Fayard, 1990.

— *Le point xe – Nouvelles conférences*, Mille et une nuits, 2010.

Marc Nacht, *L'inconscient et le politique*, Érès, 2012.

— *À l'aise dans la barbarie*, Grasset, 1994.

乌托邦和反乌托邦

Utopies et contre utopies

Sir Francis Bacon, *La nouvelle Atlantide,* Payot, 1983.

Condorcet, *Esquisse d'un tableau historique des progrès de l'esprit humain – Fragments sur l'Atlantide,* Flammarion, coll. GF, 1988.

Ernest Renan, *Dialogues philosophiques,* In: *Histoire et paroles,* Robert La ont, coll. Bouquins, 1984.

Eugène Ivanovich Zamiatine, *Nous autres,* coll. L'imaginaire. Gallimard, 1979.

Aldous Huxley, *Le meilleur des mondes*, Plon, 1946.

Georges Orwell, *1984,* Folio, 1972.

其 他

Divers

Bertrand d'Astorg, *Variations sur l'Interdit majeur – Littérature et inceste en Occident*, NRF, Gallimard, 1990.

Gilbert Lascault, *Le monstre dans l'art occidental – Un problème esthétique,* Klincksieck, 2004.

Jean-Pierre Le Go , *Mai 68, l'héritage impossible*, La Découverte, 2006.

Max Milner, *On est prié de fermer les yeux*, NRF, Gallimard, 1991.

后　记

解读科学

现代科学的革命不是在一天之内完成的，甚至都不是在一个世纪内完成的。但是追溯往昔，16 世纪和 17 世纪的转折似乎是一个非常关键的时期，伽利略就是其中的一个英雄。在另一种语言文化中，弗朗西斯·培根在新科学的出现中也扮演着非常重要的角色。他的主要作品《新工具论：自然解读的指示》（*Novum Organum Scientiarum: Indicia de interpretatione naturae*）提出了与亚里士多德《工具论》相反的观点，是一个对知识和知识发展的全新框架。《新工具论》旨在使自然哲学摆脱当时方法论的缺陷，这些缺陷影响了实际操作；并且为自然哲学提出一些新的手段——即收集和整理事实，归纳法和实验——这才是应该采取的方法：之后因此获得的科学和技术的进步将是从前无可比拟的。在表明了这种信念之后，书的扉页上画着一艘正在穿越海格力斯之柱的船——也就是说离开封闭的海域，那里划定着古老的界限“Nec plus ultra”，去更宽广的外海。“Plus ultra”（更高远）曾是一个世纪前查理五世给自己帝国的座右铭，从那时候开始，这句话就成了科学的口号。

培根同样以他的作品《新亚特兰蒂斯》出名，这是一部乌托邦作品，他描写了他梦中的社会，由萨罗门院统治——这个机构的目的是“理解原因，还有事情发生的背后驱动；消除人类帝国的界限来实现所有可能的事情”。当萨罗门祈求上帝给他一颗智慧的心时，萨罗门院的其他成员正在努力地将《新工具论》里的箴言付诸实践：这对他们来说意味着智慧。

在无数培根的作品中，有一部小册子题为《前人的智慧》[1]（*De sapientia veterum*），尽管这本书在他的创作生涯中并不是非常核心的作品，但是它值得引起我们的注意。书中共有三十一章，每章的开头都是一个神话故事，培根利用神话故事来引出与其相关的现代的思想。举个例子，《普洛塞庇娜》。我们知道她 6 个月与她的丈夫普鲁托在冥府，6 个月与她的母亲刻瑞斯在人间：“这个故事似乎很适用于自然，在地下区域探索丰富的力量和资源，所有人间的事都是来源于丰富的地下，之后人就回到地下然后溶解。”再举个另外的例子？代达洛斯，是个能够发明所有精巧装置的工匠。“代达洛斯很聪明却邪恶，前人想利用这样的一个人物来说明即使是有智慧和勤奋的人，如果内心有偏激的想法和诡计也会将好东西用在坏事上。”培根在他的前言中解释道，神话是一种表达方式，适用于还未受到精细教育的思想：“在最初的几个世纪里，那时候人类理性的发明和结论还很少，即使是那些我们在今天看来很琐碎、老生常谈的道理，都是以各种形式的故事出现，谜语、寓言、比喻，那是用来教育而不是用于掩盖的手段；因为在那个时候，人类的思想还比较粗俗，无法变得十分灵敏，除非一件事是非常明显的，不然他们是不可能理

[1] Traduction française de Jean-Pierre Cavaillé, Vrin, coll. Bibl. des textes philosophiques, 1997.

解的。也就是这样，和象形文字早于字母的道理相同，寓言比论据要早出现。”我们可以看到培根对神话的尊敬是模棱两可的：一方面，他承认神话有伟大的教学和启发意义；另一方面，似乎随着人类思想的发展，这种讲述和象征的形式变得越来越没有必要。那么，最好还是相信理性和科学。

现代并没有忘记古代神话，但是现代人将它们看作是某种历史的名胜，人们会去参观，但是不住在那里。我们依然能够去读它们，或许还会赞叹和思考，但是现代性在我们身体里安插的理性主义超我如同阻止了神话给从前的人带来冲击一样，让我们警醒。我们解锁了巨大的力量，可是相比从前，我们的讲述能力却变得如此可悲……有可能是因为，当说到巨大力量的时候，只有神话人物才能抓住它，但是当我们在解放这些前所未有力量的同时，我们的语言变得贫瘠。我们能够制造巨大的爆炸，与这些爆炸相比，雷声不过是清脆的叮当响，但是我们的词汇却如此沉闷。在这样的背景下，《弗兰肯斯坦》就像一颗陨星一样。克莱夫·斯特普尔斯·刘易斯说过，“神话给你们带来的不是真相，却是事实（真相永远是和某件事有关，而事实是与真相所说的事有关）……神话就是一条海峡，连接着我们思想的半岛和我们真实从属的大陆”。[1]两个世纪以来，神话一直出现在西方思想中，而弗兰肯斯坦恰恰也属于神话的行列。但是，问题来了：什么是真实的、与我们相关的？什么才是那片神话让我们瞥见的大陆，那被我们思想所忽视的大陆？

---

[1] «Myth Became Fact», in: *Undeceptions: Essays on Theology and Ethics*, Londres, Geoffrey Bles, 1971, p. 42.

答案：弗兰肯斯坦的神话连接的是科学思想的半岛和非理性的大陆，科学思想就是在这片大陆上汲取它的营养。弗兰肯斯坦不解释什么，它只揭露；它没有给出一个真相，它让我们看到一个现实：驱动着理性的现实，激发对理性狂热追求的现实，而这就是现代性的普遍特征，尤其是现代科学。相比于科学，弗兰肯斯坦应该给我们一个现实的真相，以小说的形式出现；但是通过这部小说，现实的原则试图成为必然，同时找到了现代科学假借让世界裸露的名义给其盖上的“思想的外套”。

在玛丽·雪莱之后的一个世纪，弗洛伊德将这种促进科学的求知欲认为是两种冲动的结合：镜像冲动，让我们想探索看不到的东西，还有就是升华的控制冲动。他还提道：“孩子的求知欲被一种不被怀疑的早熟和因为性问题引起的强度激起，甚至有可能只是被他们自己激起。”[1]一方面，我们在尝试分析维克多·弗兰肯斯坦事业的时候，会与弗洛伊德的这些思想关联起来：在维克多身上，对科学的激情明显与生殖的问题有关。另一方面，我们需要明白弗兰肯斯坦这个人物在精神分析学之前出现并不是一个偶然：在理论之前需要有神话故事，在理性思想中发现事实新的一面来打开道路。那时候起，

---

[1] Sigmund Freud, « La sexualité infantile », § 5, in: *Trois essais sur la théorie sexuelle* (1905), trad. Philippe Koeppel, Gallimard, coll. Folio essais, p. 123. “知识冲动”（Pulsion de savoir），弗洛伊德在德语中称为“Wisstrieb”或是“Forschertrieb”，“Wissenschaft”意为“科学”，“Forscher”意为“科学研究者”，与这两个词相关。法语中，“知识”和“科学”两个词来源于不同的动词“sapere”和“scire”。“sapere”这个词最主要的意思是“感兴趣”“感受到了胃口”，也就是说我们感受到了某种知识，与意义和智慧有关（“sapientia”和“sapere”有着相同的词根），这种知识是现代科学特有的。为了消除这种模糊的概念，我们有时候更想把弗洛伊德的“Wisstrieb”或是“Forschertrieb”这两个与“科学”相关的词翻译成“求知欲”（pulsion épistémophilique）。

如此激发弗兰肯斯坦的求知欲和弗洛伊德所说的契合，就没有什么特别的了！

其他的作品也开始用他们的方式探索性欲与求知欲之间的联系。在斯坦利·库布里克的电影《2001太空漫游》的结尾，最后一个存活的宇航员为了完成任务和他的飞船一起进入了木星的轨道。然后我们就看到了他在一个被一张大床占据的房间里飘荡着，很孤独。这是一个奇怪的场景，乍一看很令人费解，跟之前发生的故事毫无关联，但是，在莫奈特·瓦克安的眼中恰恰相反，这一幕出现得正是时候，并且让我们发现了一些隐藏的事：投射在太空中人类身上的是性欲的秘密。他们很有可能最终在那里消失：电脑差一点就消灭了所有占据它的人。他们也有可能在旅途的最后被重新带到根本的谜团里，生命在那里更新：电影的最后一幕展现出一个在羊水里的胚胎，正穿越太空望着地球。

最后，在这作为科学和技术发展基础的，对知识、理解和控制的追求中，这个重要的问题被人们不知疲惫地提出来：为什么我们会成为父母的孩子？我们所生活的时代里，即使求知欲把人类探索的脚步带到了其他星球上，用着在路上精心制造的工具，却似乎又回到了最初的起点。就像莫奈特·瓦克安引用的埃尔温·薛定谔所写的话："一群专家在狭窄的领域里研究出来的独立的知识本身没有任何价值。它没有任何意义。只有对剩下所有知识的总结中，而且仅仅是当这个知识能够真切地在总结中回答'我们是谁'这个问题。"[1]

---

[1] «Scienceethumanisme (laphysiquedenotretemps)» (1951),in:*Physique quantique et représentation du monde*, Le Seuil, coll. Points Science, 1992, p.25.

这就是科学自那以后明确承认的目标。但一切不会因此被说明：这个“我们是谁”事实上是来自普罗提诺（《六部九章集》，4，14），对他来说，这个问题可以在一位当代的生物学家身上找到。换句话说，此处重要的不是问题本身，而是回答问题的方式。就好像当代科学越是在事实上靠近这驱动它的根本追问，就越是有力量和才能来否定这个来源——甚至表现出了对性欲秘密憎恨的财富，它一直在尽力避免这秘密。这一点，《弗兰肯斯坦》帮助我们理解。与和伊丽莎白结婚这件事相比，维克多奉献了更多的思想和力量来制造他的怪物。“没有人能够想到那些推动着我前进的不同的感情，第一次成功的喜悦，就像一场暴风雨。生与死就像是我为了给这个幽暗的世界注入光明所首先要跨过的限制。一个新的物种在我身上祈求，我是它的创造者和源头；数以万计生物幸福和善良的本性都归功于我：没有一个父亲像我一样值得他孩子的认可。”如果说维克多真实的欲望是成为父亲，那么为什么他要费尽周折拼装一个丑陋的生物，而不用自己人类的天性简单地去生一个孩子？问题就是，当他和一个女人去生孩子的时候，他就重复了自己出生的过程，也就是由一个男人和一个女人生出一个孩子。相反的，作为一个新物种的源头，疯狂的是，他否认的是自己出生的源头——也就是他“辞退”了自己的父母。他对父母所有言辞上的赞美不过是一种假象，因为他所做的一切都是在侮辱他的父母。出于对制造生命的渴望，弗兰肯斯坦表露出来的一方面是对起源的执念，另一方面是对上述起源中与性有关元素的疯狂否定。他想自己成为一个创世主，这样他就可以不是他父母的孩子。

在他即将给他的造物一个雌性伴侣，让它们开枝散叶、尽善尽美的时候，维克多·弗兰肯斯坦被他事业中着魔的特征抓住。在创世纪中，创造的每一天都精确地被上帝欣赏："上帝认为这是好的。"只有一次，造物主没有表达出他的赞赏："人不应该是单独的。我需要给他一点帮助来配合他。"维克多·弗兰肯斯坦，无论他是谁，他不是上帝，而且他的造物就是对神圣创造的一种讽刺漫画。当然，这种造物也没有任何繁殖、以致布满整个地球的价值：它就该一直孤独。维克多的恐惧是因为他想象到了一个布满怪物的世界，那将是人类的灾难，甚至使人类毁灭[1]，这种恐惧让他拒绝了怪物制造一个雌性版本的要求。但是，也有可能，他的拒绝是来自另一种绝望：再重新恢复性别区分的同时，维克多恰恰将会被送回他试图抽象化的事物中。

今天的一些"创世主"则更加狡猾：当他们操纵着全能细胞，让这些细胞按照他们的意愿增殖、变化，产生雄性、雌性配子，然后让这些配子在试管中相遇，将胚胎放到一个人工的子宫里时，他们想象着一种完全避开男女接触的繁殖。我们现在还没有到这个阶段，但是我们正在努力，并且是用尽全力（是时候这样说了）。戴维·休谟在他的作品《人性论》里写道："相比与我自己的手指受到损伤，我会选择整个世界的毁灭，这件事并没有与理性相违背。"今天，我们可以说："相比与下决心通过父母睡在一起让自己出生，人们会选

[1] 在读书的时候，我们可以思考一下，书中怪物所实施的谋杀，其中包括了对维克多新婚前夜伊丽莎白的谋杀，是不是维克多杀人冲动的一种表达，这种冲动暗暗地在支持着他的事业。从这个角度来看，怪物就是一面镜子，照出了维克多的样子，而他看到之后害怕地退缩了。

择文明的毁灭和人性的消亡，这符合生物技术的理性。”如此多巨大的机器和复杂的方式，只是为了逃避这种简单的证明：这看上去那样地不可置信，没有任何一种理性的论据能够说服我们。虽然弗兰肯斯坦的故事具有神话的力量，但是它依然泄露了秘密。这个故事比我们更聪明，如果我们去真正地领会它，就能理解它背后的含义，如果没有它，我们就会一直处在蒙昧之中。

庆祝《弗兰肯斯坦》出版200周年的活动很多。我们应该为此感到开心：这样的作品如此闻名是很合理的。我们也应该感到担忧：我们的时代是那样熟练地以纪念的理由来中和、清洗和处理曾经发生的事。在这个时代里，我们有能力沿着维克多和他的造物曾经走过的痕迹组织巡航，坐着破冰船驶向北极，或者是在浮冰上坐着雪橇滑行（当时剩下的浮冰）。汉娜·阿伦特说过：“很多伟大的作家在几个世纪的遗忘和抛弃中度过，但是有一个悬而未决的问题，就是他们能否在一个他们作品的娱乐版本中存活。”[1]相同的问题也可以向玛丽·雪莱的作品提出。如何真正地去纪念它们？最好的纪念就是去阅读、重读它们，《弗兰肯斯坦：现代普罗米修斯》，并且同时阅读莫奈特·瓦克安的《当代弗兰肯斯坦》。玛丽所知道的东西启示了莫奈特，莫奈特所知道的东西将会帮助我们辨别出威胁，新颖且震撼，正是玛丽预感到的，并且试图警示我们的事。她们两个一起揭开了莫奈特恰如其分命名的“无意识科学”的面纱。1883年，欧内斯特·勒南在主持路易大帝中学颁奖仪式的时候，向他年轻的听众

[1] David Hume, *Traité de la nature humaine* (1739-1740), Livre II, partie III, section 3.

确信地说："野蛮已经被人们克服，不会再回来了，因为一切都在变得科学。"我们这个时代最可怕也是最可憎的，是人们在自己心理状态完全不成熟的情况下却采用了最复杂的行为模式。

奥利维尔·雷伊

Olivier Rey

致　谢

在写这本书的过程中，我经过了几个不眠之夜，当然也有些与人和作品如此美好的相遇……

这于我是一种甜蜜的负担！

同样，我要感谢玛丽·巴尔默里（Mary Balmary）和伟大的犹太教长吉尔·贝尔海姆（Gilles Bernheim），是他们让我发现了宗教人类学的瑰宝，还有那些不断挖掘这遗产的人们所留给我们的宝藏。

感谢雅克·泰斯达，从一开始，他就和我一起经历这场探索。

感谢丹尼－罗伯特·杜福尔（Dany-Robert Dufour），让－皮埃尔·勒布朗（Jean-Pierre Lebrun）和奥利维尔·雷伊（Olivier Rey）与我永存的友谊，还有因他们引发的思考。

还有穆里尔·法布尔－玛南（Muriel Fabre-Magnan）和卡特琳·拉布鲁斯－里约（Catherine Labrusse-Riou）仔细地阅读了我的作品，并耐心地与我分享了她们领域，即法律的基本知识，精神分析学与法律有着非常多密不可分的关系。

感谢圣贝尔纳修士学校的朋友，他们不在意我是犹太籍，又是无神论者，他们是尚塔尔·德尔索（Chantal Delsol）、艾瑞克·菲亚特（Éric Fiat）、多米尼科·福尔斯切德（Dominique Folscheid）、P. 布里斯·德·马莱尔布（P. Brice de Malherbe）。

还有示播列－弗洛伊德现实（Schibboleth, Actualité de Freud）的朋友，尤其是米歇尔·加德·沃克维茨（Michel Gad Wolkowicz）。

感谢玛丽－约瑟芬·波奈（Marie-Josèphe Bonnet）和 CoRP 的朋友们。

感谢吉哈德·哈宾诺维茨（Gérard Rabinovitch）。

感谢美洲的同事，还有魁北克蒙特利尔大学的同事，卢斯·德·奥尔尼埃（Luce Des Aulniers）、伊莎贝尔·拉斯维纳斯（Isabelle Lasvergnas）、露易丝·万德拉克（Louise Vandelac）。

弗朗索瓦丝·布吕雅（Françoise Bruillard）。

罗伯特·希金斯（Robert Higgins）。

让－达尼尔·兰霍恩（Jean-Daniel Rainhorn），他对将科学放到神话中检验颇感兴趣。

感谢尼可尔·切霍夫斯基（Nicole Czechowski），30 年来一直鼓励我写作，是一位无与伦比的对话者。

还有亨利·瓦克安（Henri Vacquin），我的丈夫。

译后记

我与“弗兰肯斯坦”的第一次真正接触，是当北京人民艺术剧院引进伦敦奥运会开幕式导演丹尼·博伊尔的舞台剧《弗兰肯斯坦的灵与肉》时，我出于好奇且不抱任何期待地去观看了，却意外地被该剧的情节和演员精湛的演技深深折服。

在这之前，“弗兰肯斯坦”对我来说是“科学怪人”、诗人雪莱的妻子写的小说、科幻小说的鼻祖。和很多人一样，我也曾以为“弗兰肯斯坦”是怪物的名字，直到我开始翻译这部作品，我才发现，原来这是创造“怪物”的科学家的名字。当“怪物”这种形象更能满足人们的猎奇心理时，人们似乎忘了，科学家才是小说真正的主角。从这部小说出发，作者以她精神分析学家的专业视角，深度地剖析了这位“科学怪人”与他的“母亲”——玛丽·雪莱之间的关系，并且结合小说内容和玛丽·雪莱一生的经历，探讨了当代科技发展中的伦理问题。

翻译这本书的过程并不轻松，由于书的后半部分涉及现代科学技术和伦理问题，很多特有名词在有限的条件下很难查到，或者是在中文中还尚不存在对应的说法；另外法语构句的方式复杂，长句多，作者又采用了稍具文学性的语调，为了厘清楚句子里的逻辑，我常常需要反复读很多遍，甚至是隔一段时间再读才能理解；最后，用合适的中文清晰地表达出作者想说的意思，也是非常考验译者的语言功底的。只有当我真正开始翻译这部作品时，我才意识到，原来自己这二十几年来的中文功底火候还是不够！

困难归困难，在翻译的过程中还是有很多收获的。

如果要我用一个词来形容玛丽的一生，我想用“自由”。自由，是我在阅读及翻译这部作品中读到的，烙印在她生命中最为重要的元素。作为当时英国两位思想界大人物——玛丽·沃斯通克拉夫特和威廉·葛德文的女儿，玛丽从小接受的教育就是要“通过自由地追求理性来消除偏见和不公”。在书中我们能读到，在她颠沛流离的一生中，不论身处什么样的物质环境，她始终没有停止过阅读和学习，或是对真理的探寻。于是她和雪莱一行人的脚步遍布了大半个欧洲，要知道当时的交通条件与现在是不可比拟的。这不禁让我自问，为什么身处物质条件丰足环境的我，却无法体会什么是自由？试想如今物欲横流的消费社会，到处存在的诱惑和始终无法被满足的物欲让我们的生活方式变得越来越复杂，也越来越难获得单纯的快乐。正是因为对物质的追求捆绑住了我们的手脚、遮住了我们的双眼，视线所及之处不再是熠熠生辉的人类智慧的结晶，也不再是生活里随处可见的简单的美好，不再对人间疾苦有着敏锐的感知和同理心，自己将自己囚禁在了牢笼之中。

另外，在作者通过如此大量地引经据典来阐述自己质疑“人工助孕”以及一系列“非自然生育”的现代科技手段的观点时，我感到前所未有的惊讶。在我们所受到的教育里，“科学进步”似乎是一件大快人心、没有什么可争论的事。人类一个劲地追求“科技的发展”——有时甚至不惜以“人”为代价时，这无疑是一种本末倒置的行为。在我看来，作者是一位人道主义者，她依然保持着对大自然最后的敬畏。但不论是受到好奇心还是利益的驱使，人类对科技无尽地探求似乎不会因为这样的声音而停止。我们或许也该慢下脚步来思索一番，“科技”到底给我们带来了什么？是什么维持着我们的生活？我们在生活中的信念又是什么？

最后，要真挚地感谢中国社会科学出版社的赏识，还有郭晓娟编辑的倾力支持和耐心沟通。这本书能够出版，对我来说意义非凡，在翻译方面，我只是一颗不成熟小苗，还需要很多的练习、积累和指导，我愿意聆听任何建设性的批评，并做出思考，让自己能在获得进步的同时，给这个世界能带来更多美好的东西。

周欣宇

2018 年 3 月 11 日